역사를 바꾼 수학 이야기

요즘 청소년을 위한

수학의 결정적 순간

역사를 바꾼 수학 이야기
요즘 청소년을 위한

수학의
결정적 순간

박재용 지음

성어람미디어

손꼽으며 기다리던 날들

기다리는 날이 있습니다. 아주 어릴 적에는 크리스마스를, 어쩌면 지금도 생일을, 혹은 누군가를 만날 날을 기다립니다. 이런 기다림에 남은 날을 세어 봅니다. 일주일 정도, 또는 석달, 아니면 이번 주말까지 이틀.

기다리며 바라는 것도 있습니다. 크리스마스 선물, 부모님이 주실 생일 특별 용돈, 그날 선물을 쓱 내놓을 때 보여 줄 그의 함박웃음.

속상한 것들도 있죠. 오늘 받아 든 수학 성적, 아직 150cm를 맴도는 키, 너무 적은 용돈. 아직 읽지 않음을 보여 주는 카톡의 1.

즐거운 것도 있습니다. 조금 줄어든 체중, 10점이나 오른 국어 성적, 나를 반장으로 뽑아 준 친구들의 표, 오랜만에 올린 인스타그램 포스팅의 좋아요 숫자.

이 모두에 수가 있습니다. 우리가 그리고 만나는 일상은 사실 수의 연속이지요. 아침에 눈을 뜨면 휴대폰으로 시간을 확인하고, 남은 용돈이 얼마인지 확인하고, 등교 시간이 얼마나 남았는지도 확인하고, 믿을 수 있는 친구가 누구인지 손으로 꼽아 보고, 그와 사귄 지 며칠이나 되었는지 확인합니다.

그리고 수가 있는 곳에 괴로움도 있지요. 이차방정식, 인수분해, 도형의 증명, 이상한 각의 크기 찾기, 사인, 코사인, 탄젠트, 집합, 확률.

이 책은 우리가 일상적으로 쓰는 다양한 수와 수학이 어떻게 만들어졌는지 그 여정을 함께 여행합니다. 숫자, 수의 체계, 기하, 대수, 로그와 지수 등이 어떤 필요와 연구를 통해 인류의 역사에 발을 내디뎠는지 같이 보러 가시죠. 수학 공부의 어려움을 덜기에는 조금 부족할 수도 있겠지만, 그 어려움을 버티고 이겨 내는 근육을 기르기에는 도움이 되지 않을까 합니다.

차례

3장 현대 문명을 움직이는 수학 개념

수학사 연표

기원전 1만 년경	투르키예 괴베클리 테페에서 원형 건축물 건설, 기하학적 개념의 실용적 응용 시작
	원의 중심에서 일정 거리를 유지하는 원형 구조물 건설 기술 발전
기원전 7000년경	투르키예 차탈회위크에서 수확물 분배를 위한 초기 수 개념 발달
	돌을 이용한 일대일 대응 방식의 계산법 사용
기원전 3500년경	메소포타미아의 니푸르 달력과 이집트 민간 달력 등장
	1년을 365일, 12개월로 구분하는 체계 확립
기원전 3000년경	수메르 문명에서 최초로 숫자 체계 개발
	60진법 사용 시작
	메소포타미아에서 토지 측량과 표준 측정 단위 개발
기원전 2500년경	바빌로니아에서 분수 개념 발달
	이집트에서 단위분수 체계 사용
	수메르의 토지 측량 관련 점토판 기록 시작
기원전 1850년경	이집트 제12왕조 시대 『린드 파피루스』 작성
	약수와 배수 개념의 실용적 응용 시작
기원전 1000년경	바빌로니아에서 천체 관측과 각도 측정 체계 개발
	360도 체계와 60분법 확립
기원전 530년경	피타고라스학파 설립, 수의 신비주의적 연구 시작
	완전수와 친화수 개념 발견
	피타고라스학파가 무리수($\sqrt{2}$) 발견
기원전 500년경	그리스에서 알파벳을 이용한 숫자 표기법(아카이아/헤로디안 체계) 도입

기원전 300년경	에우클레이데스가 『원론』 저술, 기하학 체계화
	소수가 무한히 많다는 것을 증명
	최대공약수를 구하는 '유클리드의 호제법' 개발
기원전 240년경	에라토스테네스가 소수를 찾는 '에라토스테네스의 체' 고안
	지구 둘레 최초 측정
기원전 150년경	히파르코스가 현(chord) 이론 개발, 삼각법의 기초 마련
	천체 운동 관찰을 위한 수학적 도구 발전
기원전 190년경	아폴로니우스가 『원뿔곡선론』 저술
	타원, 포물선, 쌍곡선 개념 정립
600~650년경	브라마굽타가 음수 개념을 체계화
	0의 연산 규칙 정립
	이차방정식의 일반해법 발견
800~850년경	인도의 수학이 아랍 세계로 전파
	알콰리즈미가 『대수학』 저술
	대수학(algebra)이라는 용어의 기원이 됨
	방정식 해법의 체계화
1114~1185년	인도 수학자 바스카라 2세가 삼각법 발전시킴
	지야(sine)와 코티-지야(cosine)의 변화율 연구

1202년	피보나치가 『산반서(Liber Abaci)』 출판
	힌두-아라비아 숫자 체계를 유럽에 소개
	분수 계산법 체계화와 연분수 개념 도입
1535년	타르탈리아가 삼차방정식의 해법 발견
1539~1545년	카르다노가 타르탈리아의 해법을 연구하고 발전
	『위대한 기예(Ars Magna)』 출판
	복소수 개념의 서양 수학 도입
1572년	봄벨리가 복소수의 대수적 규칙 체계화
1614년	네이피어가 『로가리드모룸 카노니스 미리피키』 출판
	로그 개념 도입
1637년	데카르트가 『방법서설』 출판
	해석기하학 창시
	좌표계 도입과 대수와 기하의 통합
1654년	파스칼과 페르마가 확률론의 기초 확립
	편지 교환을 통해 확률의 기본 원리 발견
1657년	하위헌스가 최초의 확률론 교과서 『운에 관한 계산』 출판
1665년	뉴턴이 유율법(미적분학의 초기 형태) 개발 시작
	중력과 운동 법칙 연구에 적용
1675년	라이프니츠가 미적분학 독자적 발전
	현대 미적분 표기법 $dx, \int$ 도입
1727년	오일러가 상트페테르부르크 과학 아카데미 부임
	미적분학을 물리학, 천문학, 공학 등 여러 분야에 적용
	편미분 방정식과 변분법 발전

1748년	오일러가 『무한 해석 입문』 출판
	$e^{i\pi}+1=0$ 공식 발표
	자연로그의 밑 e와 허수 단위 i, π를 연결
	복소수 이론의 획기적 발전
1801~1820년대	벨기에의 통계학자 케틀레가 확률을 사회현상 연구에 적용
	'사회물리학' 개념 도입
1865년	멘델이 확률을 유전학에 적용
	유전의 법칙을 확률적으로 설명
1874년	칸토어가 집합론 발표
	무한의 크기를 비교할 수 있는 기수 개념 도입
	자연수 집합과 실수 집합의 크기가 다름을 증명
1883년	칸토어가 '초한수' 개념 도입
	무한집합의 크기를 비교하는 체계 확립
1901년	러셀이 집합론의 역설 발견
	수학기초론의 위기 초래
1908년	체르멜로가 공리적 집합론 도입
1922년	프렌켈이 체르멜로의 공리계를 보완
	ZF 공리계 확립
1931년	괴델이 불완전성 정리 발표
	수학체계의 한계 증명
1938년	괴델이 연속체 가설의 독립성 증명
1950년대 이후	컴퓨터의 등장으로 확률론과 통계학의 급속한 발전
	집합론이 현대 수학의 기초 언어로 정착
	수학의 응용 분야 대폭 확대(컴퓨터 과학, 암호학, 금융공학 등)
	빅데이터와 인공지능에서 확률론의 중요성 증대

1234567890

100=

$$\frac{1}{4}$$

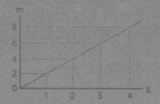

$$ax^2 + bx + c = 0$$

$$x = \frac{-b \pm \sqrt{b^2 - 4ac}}{2a}$$

VI

1장

숫자와 기하학의 탄생

초기 인류는 사냥과 농사를 위해 숫자를 사용하고,
피라미드 건설과 땅 측량을 통해 기하학의 기초를
세웠습니다. 숫자와 기하학이 인류의 발전에
어떤 도움을 주었는지 알아보세요.

많음과 적음

우리는 언제부터 수를 세었을까

수 개념은 다양한 지역에서 다양한 방식
으로 발달했을 가능성이 높습니다.

수를 세다

농사를 짓고 가축을 기르기 전, 수십만 년 이상의 세월 동안 우리 선조들은 사냥과 채집으로 먹을 것을 해결했습니다. 아직 숫자도 없고, 수에 대한 개념도 별로 없던 시기였죠. 그 장면을 떠올려 봅니다. 한 무리의 조상들이 사냥을 나섭니다. 넓은 들판 입구에서 살피니 양편에 사슴 두 무리가 있습니다. 어느 쪽을 선택했냐고요? 당연히 사슴 수가 많은 쪽입니다. "어, 저쪽이 더 많아. 저기로!"

하나, 둘, 셋 같은 숫자를 나타내는 단어가 없던 시절이죠. 그저 양쪽을 볼 때 한쪽이 다른 쪽보다 더 많다는 정도만 알 뿐입니다. 그래도 이게 수를 세는 일의 시작이었습니다. 물론 이 장면을 보는 우리는 답답하겠지만, 일단 어떤 무리를 사냥할지는 이 정도로도 충분했죠. 이렇게 어느 쪽이 더 많은지를 아는 건 생존에도 필수적입니다. 사냥을 나갔다가 전에 싸운 적 있는 다른 부족을 만나면 일단 그쪽이 더 많은지 아니면 우리가 더 많은지를 따져 도망칠지 공격할지를 정할 수 있을 터이니까요. 물론 서로 싸우지 않는 게 가장 좋은 방법이겠지만요.

더 많고 적은 걸 아는 건 다른 동물도 할 줄 압니다. 침팬지에게 과일을 양쪽에 쌓아 놓고 선택하라고 하면 대부분 더 많이 쌓인 걸 선택하지요. 까마귀나 앵무새도 마찬가지입니다. 따라서 이 정도를 가지고 으스댈 순 없겠지요.

하지만 인간은 여기서 조금 더 나갑니다. 좀 더 정교한 방법이 필요했고 능력도 있기 때문이죠. 가령 아침에 사냥 나간 무리가 저녁에 들어오는데, 모두 무사히 들어왔는지 확인하는 경우죠. 어떻게 했을까요? 그 무리의 나이 많은 어른이 묘한 방법을 떠올렸습니다. 젊은이들이 한 명씩 사냥하러 동굴 입구를 나설 때마다 자기 자리 왼쪽에 조개껍데기를 하나씩 놓습니다. 열다섯 명이 나서면 조개껍데기 열다섯 개가 놓입니다. 이들이 사냥을 끝내고 들어올 때는 이제 왼쪽에 놓인 조개껍데기를 오른쪽으로 옮깁니다. 그래서 모두 무사히 돌아오면 왼쪽에는 더 이상 조개껍데기가 없습니다. 무사 귀환 축하!

이런 방법을 수학에서는 '일대일 대응'이라고 합니다. 일대일 대응은 쉽지만 수학적인 의미도 꽤 있습니다. 우리가 쓰는 함수도 기본적으로 일대일 대응이고 집합도 일대일 대응이 기초입니다.

아주 많음에 대해

일대일 대응을 능수능란하게 사용하더라도 인류에겐 아직 넘어야 할 수의 산이 많습니다. 또 다른 어떤 날 사냥 대신 산딸기를 따러 간 조상들. 여럿이 몰려가서 산의 산딸기를 모조리 따려고 합니다. 기다리던 어린이 한 명이 궁금증을 참지 못해 달려와 물어 봅니다. "얼마나 따셨어요?" 이걸 일대일 대응처럼 조개껍데기를 쌓아 이야기하긴 불가능하죠. 한 명이 꾀를 냅니다. "나무의 나뭇잎처럼 많이 땄어."

어린이는 이 말이 맘에 들었습니다. 나무 하나에 나뭇잎이 얼마나 많겠어요. 그만큼 많은 산딸기니 여럿이 나눠도 실컷 먹을 수 있습니다. 이후 이 마을 사람들은 아주 많은 양에 대해 "강에 물고기가 나무의 나뭇잎처럼 많아", "이번 겨울을 나려면 고기 말린 걸 나무의 나뭇잎처럼 많이 만들어야 해"처럼 묘사합니다. 마치 우리가 할 숙제가 산더미처럼 많다고 하는 것과 비슷하지요.

이렇게 아주 많음에 대한 인류의 표현이 만들어집니다. 어느 날 마을 사람들이 한쪽에서는 물고기를 잡고, 다른 한쪽에서는 사과를 따왔습니다. 둘 다 양이 아주 많았죠. 하지만 언뜻 보기에도 사과가 훨씬 많았습니다. 전에 나무의 나뭇잎처럼 많다는 표현을 좋아하던 어린이가 이제 청년이 되어 말합니다. "물고기는 작은 나무의 나뭇잎처럼 많고, 사과는 큰 나무의 나뭇잎처럼 많네."

그렇습니다. 셀 수 없는 많음에 있어서도 서로 비교가 필요한 경우가 있죠. 이 청년은 작은 나무와 큰 나무로 비교한 것이지요. 이들에겐 아직 십이나 백을 넘어선 숫자는 셀 수 없습니다. 셀 수 없다는 건 무한이나 마찬가지지요. 두 무한을 비교하는 순간이었습니다. 다시 인류는 한 걸음 더 나갔습니다.

늘어남과 줄어듦

수에 대한 이해는 더디지만 계속 이어집니다. 이번에는 더하기와 빼기의 시작입니다. 어느 봄날 아라와 루나는 조개를 캐러 강으로 갑니다. 둘 다 바구니를 옆구리에 끼고 한참 조개를 캤습니다. 작은 바구니에 조개가 차면 큰 바구니에 옮겨 담았습니다. 아라가 먼저 담고, 잠시 뒤 루나도 옮겨 담았습니다. 다시 아라가 조개가 든 바구니를 들고 강가로 나왔습니다. 루나도 같이 따라 나옵니다.

"조개가 더 많아졌어."

"그러게, 얼마나 많아졌지?"

"응, 손가락보다 많아졌어."

조개가 더 많아지긴 했는데 얼마나 더 많아졌는지는 정확하게 모르니, 그냥 손가락 개수보다 많다고만 말합니다. 이게 처음의 더하기 개념이었을 겁니다.

앞서 우리는 둘 중 어느 쪽이 더 많은지를 아는 건 동물도 한다고 했지요. 그리고 이것이 수를 비교하는 것의 시작이라고 했습니다. 더하기 역시 마찬가지로 시간 순서에 의해 또는 행위의 전후로 비교하는 것이 시작입니다. 아라가 채운 바구니에 루나가 조개를 다시 채우는 행위를 하면서 그 행위 전과 후의 양이 정확히 얼마인지는 모르지만, 양의 변화가 있다는 걸 파악하는 거지요.

앞의 예는 늘어난 것이지만 줄어든 것도 마찬가지입니다. 겨울에 먹으려고 저장한 마른 과일이나 마른 고기 같은 것들은 마을 전체가 공동으로 관리합니다. 양이 적을 때는 일대일 대응을 하지만 양이 많으면 그러긴 힘들죠. 하지만 누군가 몰래 먹어 양이 줄면 '줄어든 사실' 자체는 알게 됩니다. 이것이 빼기의 시작인 셈이지요.

기준과 비교하기

앞서 아라는 "손가락보다 많아졌어"라고 말했습니다. 일대일 대응의 다음 단계인 기준과의 비교가 시작되었습니다. 이전까지의 비교는 두 사물 사이에서 일어났습니다. 양쪽의 사슴 무리 중 어느 무리가 더 많은가, 바구니 속 조개는 내가 조개를 넣기 이전과 이후 어느 쪽이 더 많은가, 이런 식으로 말이지요.

그런데 비교의 기준이 만들어집니다. 여기서는 손가락이지요. 가장 쉽게 비교할 수 있습니다. 한 손의 손가락은 다섯 개, 두 손의 손가락은 열 개입니다. 이와 다른 사물의 개수를 비교하는 거죠. 조개의 개수가 내 손가락 개수보다 많은지 적은지, 사슴 무리의 수는 내 한 손의 손가락 개수보다 많은지 적은지 비교합니다.

손가락과의 비교의 흔적은 현재까지 남아 있습니다. 가장 대표적인 것이 십진법이지요. 십진법은 우리 손가락이 열 개였고, 이를 비교의 기준으로 선택했기에 만들어진 것입니다. 또 하나 로마 숫자에서는 1, 2, 3, 4, 5를 쓸 때 I, II, III, IV, V 이런 식으로 씁니다. 5에 특별한 기호를 넣지요. 이 또한 한 손의 손가락이 다섯 개인 것과 연관이 있습니다.

그런데 이렇게 손가락과 비교를 하려면 하나, 둘, 셋, 넷처럼 한 손의 손가락 개수보다 적은 수는 셀 수 있어야 합니다. 이때쯤에는 작은 수는 이렇게 말했을 겁니다. "이번 사냥에서는 사슴을 몇 마리 잡았어?", "응, 한 손하고 두 손가락만큼 잡았어", "어이구 많이도 잡았네", "다 손가락 신이 보호하신 덕분이지."

하지만 아직 손가락 개수보다 훨씬 많은 숫자는 다루기 힘듭니다. 가령 열넷 정도면 두 손하고 네 손가락이라고 말할 수 있지만 오백사십셋은 두 손이 두 손만큼 있고, 또 두 손이 두 손만큼 있고, 또 두 손이…. 이런 식으로 이야기해야 하는데, 이런 정도로 수감각이 발달하지는 못했습니다. 그저 아주 많다는 식으로 앞서 표현한 것처럼 "나무의 나뭇잎처럼 많다"나 "손보다 더 많다"라는 식으로 이야기할 뿐이지요.

묶기

하지만 살다 보면 그리고 집단이 늘다 보면 더 큰 수를 정확히 표현하는 것이 필요해집니다. 아기 때는 "엄마를 얼마나 사랑해?"라고 물으면 "하늘만큼 땅만큼요"라고 답하면 충분했지만 이제 나이가 들어 "오늘 달리기 얼마나 했니?"라고 물으면 "응, 20분 동안 뛰었어"라든가 "한 4km 뛰었어"라고 이야기하는 것이 맞는 것처럼 말이지요.

이를 위한 시작은 한 손의 손가락 혹은 두 손의 손가락만큼씩 묶는 일입니다. 사과를 딴 사람들이 한 바구니에 스무 개씩 다섯 바구니에 담았습니다. 오늘 사과를 얼마나 땄냐고 물으면 한 바구니에 양손 두 개만큼씩 있는데 다섯 바구니를 땄다고 말하죠. 이제 한 바구니는 사과 스무 개를 지칭하게 됩니다.

물론 두 손이라는 1차 기준이 있지만, 여기에 사과를 한 바구니씩 묶어내는 일종의 그룹화도 도입된 것이지요. 이렇게 되면 100

이라는 숫자는 말할 수도 생각할 수도 없지만, 양손 두 개짜리 바구니 다섯 개라는 개념은 생기지요. 이제 큰 수도 어느 정도 정확하게 비교할 수 있습니다. "어제는 복숭아를 바구니 세 개 땄는데 오늘은 바구니 다섯 개나 땄네." 이렇게 말이지요.

그런데 이는 동시에 수의 추상화 과정이기도 합니다. 추상화의 첫 단계는 앞서 살폈던 일대일 대응입니다. 조개껍데기 한 개와 사람 한 명이 대응했던 것 기억나시죠? 이렇게 사람의 명수와 조개껍데기의 개수가 같이 1이란 걸 이해하는 것이죠. 다음은 한 손 손가락 개수 다섯 개와 사과 다섯 개가 같은 5라는 걸 알게 됩니다. 이제 1과 5, 10 등은 개별 사물을 떠나 개수를 나타내는 추상적 존재, 즉 '수'가 되는 거지요.

그리고 그룹화는 이를 진전시킵니다. 어제 딴 복숭아와 오늘 딴 사과는 엄연히 다른 과일이지만 바구니 개수로 양적 비교가 가능해진 거죠. 인류는 서서히 수의 추상화를 스스로 학습하고 발전합니다.

수를 말하고 쓰다

언제쯤일지는 정확하지 않습니다. 지역에 따라 다르기도 했을 것이고요. 약 17,000년 전 마지막 빙하기가 끝나갈 무렵 프랑스라고 상상해 봅시다. 아카라는 사람이 동료들과 큰 사냥을 마치고 부족으로 돌아왔습니다.

부족장이 묻습니다. "아카, 오늘 얼마나 사냥했지?"

아카는 잠시 생각하다가 대답합니다. "큰 사슴 하나, 토끼는 한 손 가득, 그리고 물고기는 두 손 가득 잡았어요."

드디어 숫자가 등장합니다. '하나(1)'라는 구체적인 단어와 함께, '한 손 가득(5)'과 '두 손 가득(10)'이라는 표현을 사용합니다. 즉, 1, 5, 10이라는 숫자가 생긴 거지요.

아카의 동생 니라가 묻습니다. "오빠, '한 손 가득'이 뭐야?"

아카는 자신의 손을 펴 보이며 설명했습니다. "이렇게 손가락 모두를 펴면 '한 손 가득'이야. 양손을 다 펴면 '두 손 가득'이 되지."

즉, 손가락 다섯 개가 '한 손 가득'이라는 걸 보여 주죠. 이는 신체 부위를 이용해서 계산하는 방법을 보여 줍니다.

그날 밤, 아카는 오늘 자신이 사냥한 것을 기록했습니다. 숯으로 동굴 벽에 그림을 그렸죠. 큰 사슴 한 마리를 그리고 옆에 작은 토끼 다섯 마리를 그렸습니다. 물고기는 한 마리를 크게 그리고 그 옆에 작은 점 열 개를 찍었습니다. 예전에는 잡은 숫자만큼 그렸지만, 물고기는 잡은 양이 워낙 많아서 동굴 벽을 가득 채울 수밖에 없었죠. 더구나 그리기도 힘들었고요. 그래서 대신 점을 찍기로 했을 겁니다.

가장 유명한 동굴 벽화 하나가 프랑스 남부 라스코 동굴에 있습니다. 그려진 들소나 말 그림 옆에는 점이 여러 개 찍혀 있습니다. 물론 이것이 잡은 동물의 수라 여기는 이도 있고 혹은 별자리나 동물의 털을 나타낸다는 주장도 있습니다.

곱하고 나누기의 시작

어느 날 아카와 네 명의 친구가 각자 세 마리의 토끼를 잡았습니다. 동굴로 돌아오자 동생이 물었습니다. "오빠, 오늘 사냥은 어땠어? 모두 얼마나 잡았지?"

아카는 잠시 생각에 잠겼습니다. 그는 손가락을 펴며 천천히 세기 시작했습니다. "세 마리, 세 마리, 세 마리, 세 마리, 세 마리…" 그는 각 친구마다 손가락을 세 개씩 폈습니다.

마침내 아카가 말했습니다. "우리는 토끼를 이만큼 잡았단다." 그는 양손의 모든 손가락을 펴고, 한쪽 발의 발가락 다섯 개도 모두 폈습니다.

동생은 고개를 끄덕이더니 재차 묻습니다. "그럼 그 토끼들을 우리 부족(12명)이 똑같이 나눠 먹으려면 어떻게 해야 하지?"

아카는 다시 생각에 잠겼습니다. 그는 바닥에 작은 점을 열두 개 찍습니다. 잡은 토끼를 하나씩 점 앞에 놓습니다. 모두에게 한 마리씩 주고 나서도 세 마리가 남습니다. "모든 사람이 한 마리씩 받을 수 있고, 그래도 토끼가 남네. 이건 말려서 보관해야겠다."

아카는 '3'을 다섯 번 반복해 더합니다. 이는 3×5의 가장 기본적인 형태입니다. 우리도 초등학교에서 처음 곱하기를 배울 때 이렇게 배우죠. 또 그는 15마리의 토끼를 12명에게 분배하려 시도합니다. 이는 15÷12의 초기 형태입니다. 물론 우리처럼 몫과 나머지를 바로 계산하지는 못하지요.

아직 곱하기와 나누기를 우리처럼 하진 못합니다. 대신 반복적인 덧셈과 실제적인 분배 과정을 통해 이러한 개념을 다룹니다. 숫자에 대한 추상적 이해는 어느 정도 발달하지만 곱셈과 나눗셈은 아주 초보적인 단계지요.

이 장에선 더 많고 적음, 일대일 대응, 많음의 표현 등의 순서로 수 개념의 발전을 설명했지만 사실 실제 수 개념의 발전은 훨씬 복잡하고 다양합니다.

우선, 다양한 지역에서 서로 다른 방식으로 수의 개념이 발달했을 가능성도 높습니다. 여러 개념이 동시에, 또는 다른 순서로 발달했을 가능성도 높고, 서로 다른 수 개념이 서로에게 영향을 주고받으며 발달했을 것으로 보입니다.

달력과 숫자

연산과 기록의 시작

수를 표시하는 방법도 발전하기 시작했습니다.
가장 먼저는 조개껍데기나 토기 조각을 이용했어요.

기록하다

1만 년 전 인류는 신석기 시대를 맞이합니다. 가장 큰 변화는 사냥하고 채집하는 경제에서 직접 곡물을 재배하고 가축을 기르는 경제로 바뀐 것입니다. 이는 다시 두 가지 변화를 가져옵니다. 먼저 사람들이 이전보다 더 많이 모입니다. 도시가 만들어진 것이죠. 사람들이 많이 모이니 상호작용도 늘어납니다. 그래서 수를 더 많이, 더 자주 다루게 되었고, 또 기록할 필요도 커졌습니다. 이런 모습이 가장 먼저 등장한 곳은 메소포타미아입니다.

약 5,500년 전, 메소포타미아 지역에서는 작은 점토 조각으로 마을의 수확물을 기록했습니다. 지역에 따라 또 시기에 따라 점토 조각의 모양은 다양했는데, 어떤 마을은 원뿔 모양 점토 조각으로 한 바구니 분량의 밀을 표시하고, 동그란 공 모양 점토 조각으로 열 바구니 분량의 밀을 표현했다고 하죠.

이 마을의 누군가가 "이번 수확은 구 세 개와 원뿔 다섯 개로 군"이라고 말하면 듣는 이도 "음, 구 하나가 열 바구니니까, 구 세 개면 세 번의 열 바구니야. 거기에 원뿔 다섯 개, 즉 다섯 바구니를 더하는 거지"라고 알아듣습니다. 이제 사람들은 더 이상 구체적인 밀 더미를 세는 것이 아니라, 추상화된 수 개념을 사용하죠. 그리고 더하기 연산이 아주 자연스러워졌습니다.

하지만 점토 조각은 기록을 계속 보관하기에 적합하지 못합니다. 또 세세한 기록이 되지도 못하죠. 이들은 기록을 위해 점토판을 사용합니다. 당시 메소포타미아에서 뭔가를 새겨 기록하기에는 점토판만 한 것이 없었죠. 점토판에 뾰족한 도구로 기호를 새깁니다.

우선 언제의 기록인지 날짜를 새깁니다. 그다음 밀을 의미하는 문자를 새기죠. 다음 공 모양 조각, 즉 10에 해당하는 기호는 A자를 옆으로 눕힌 모양입니다. 그걸 세 번 새깁니다. 원뿔 조각, 즉 1에 해당하는 기호는 세로로 긴 모양입니다. 그걸 A자 옆으로 눕힌 모양 옆에 다섯 번 새깁니다.

이웃 마을 혹은 도시와의 교역도 마찬가지로 기록하기 시작합니다. 가령 자기들의 밀 50 바구니를 양 한 마리와 바꾼 것은 우선 날짜를 기록하고 이어 밀을 의미하는 문자 옆에 세로로 긴 10을 의미하는 기호 5개를 쓰고, 양을 의미하는 문자 옆에 가로로 긴 1

을 의미하는 기호 하나를 새기는 식이지요.

시간을 기록하다

그런데 잠시 여기서 다른 이야기를 해 보도록 합시다. 방금 수확한 밀의 양이나 교역에 대한 기록에 날짜를 넣는다고 했습니다. 수와 가장 관련이 깊은 것 중 하나가 시간의 흐름입니다. 먼 옛날부터 그렇습니다. 수렵 채집을 하던 구석기 시대에도 시간은 중요했습니다.

보름달이나 그믐달이 되면 밀물과 썰물의 차이가 커집니다. '사리'라고 하죠. 반달이면 그 차가 가장 작아 '조금'이라고 합니다. 이를 기억하면 해안에서 물고기를 잡거나 조개를 캘 것을 미리 계획할 수 있습니다. 과일이 열리는 시기를 잘 알면 남들보다 먼저 딸 수 있습니다. 또 겨울이 어느 정도나 계속되는지를 알아야 음식을 얼마나 저장할지 알 수 있지요.

무릇 이 모든 일은 날짜를 기록하는 것으로 시작합니다. 콩고민주공화국에서 발견된 약 2만 년 전 늑대 뼈나 프랑스에서 발견된 3만 년 전 동물 뼈에 새겨진 금이 최초의 시간 기록일 것으로 추정합니다. 달은 29~30일 정도를 주기로 그믐에서 상현, 보름, 하현을 반복하지요. 손가락으로 수를 셀 수 있을 정도로 수 개념이 발전했다면 가능합니다. 그믐이 되면 혹은 보름이 되면 매일 뼈에 빗금을 하나씩 새깁니다. 그러면 보름이 얼마나 남았는지 알 수 있지요.

그 뒤의 유물로는 영국의 스톤 헨지나 이집트 남부의 나바타 플라야라는 돌로 만든 원형 구조물이 있습니다. 지금으로부터 5,000~7,000년 전 유물입니다. 당시 사람들은 1년이 며칠이나 되는지는 정확히 몰랐을 가능성이 큽니다. 하지만 살아오며 겪은 경험이나 부모에게 들은 이야기로 계절의 순환은 알고 있었습니다. 또 농경과 유목을 시작하면서 계절이 중요해졌습니다. 언제 농사를 시작할지, 언제쯤 큰비가 내리는 계절인지, 언제 추수를 해야 하는지, 혹은 양떼를 초원에 풀어놓을 계절은 언제쯤인지를 아는 건 생존의 문제였죠.

그리고 매년 낮과 밤의 길이가 같아지는 춘분과 추분 그리고 하지와 동지가 순환하는 것을 알 때입니다. 그래서 이들 날이 언제인지를 확인히는 돌 유직을 세운 섯이지요. 스톤헨지의 돌 틈 사이로 들어온 햇빛이 어디를 가리키는지를 통해 하지와 동지를 압니다. 혹은 돌기둥의 그림자가 어디를 향하는지를 통해 계절의 변화를 예측할 수 있었습니다.

달력을 만들다

그리고 마침내 1년이 얼마인지 기록한 유물이 등장합니다. 기원전 약 3100년에 만들어진 메소포타미아의 니푸르 달력과 비슷한 시기의 이집트 민간 달력이 그것입니다. 둘 다 1년을 365일로 정하고 12개월로 나누는 식입니다.

이런 달력은 갑자기 등장한 천재가 만든 건 아닙니다. 수백, 수천 년의 시간 동안 뿔에 빗금을 긋던 이들이 점차 그걸 발전시켰습니다. 처음에는 30일을 기준으로 빗금을 긋기 시작합니다. 하지만 이런 일이 반복되니 빗금을 묶는 방법이 나옵니다. 30일짜리 빗금을 모아 한 그룹을 만들고 다시 30일짜리 빗금으로 한 그룹을 만듭니다.

또 하나, 이 정도를 할 수 있으려면 손가락 개수보다 훨씬 큰 수를 정확히 더하고 빼는 것이 가능해야 하죠. 수천, 수만 년에 걸친 수 개념의 발달을 통해 덧셈과 뺄셈에 대한 이해가 깊어진 결과입니다.

그리고 시간이 지나자 이들 빗금 옆에 당시 상황을 표시하기 시작했습니다. 더웠던 날, 장마가 진 시기, 첫눈이 온 날… 이렇게 수십 년짜리 빗금 그룹이 모이자 일정한 주기가 나타나지요. 물론 그 전에 이미 몇십 년을 산 이들은 부모에게 들은 이야기로, 또 몸으로 겪은 경험으로 시간이 반복되는 건 이미 알고 있었습니다. 그리고 거기에 빗금 기록이 합쳐지자 이제 1년짜리 달력이 만들어진 것이죠.

그리고 1년을 열두 달로 나눈 것은 달의 주기 때문인 경우가 많습니다. 달의 주기가 대략 30일이고 이를 12번 곱하면 360일이 되어 얼추 1년이 되니까요. 물론 달력은 지역에 따라 달리 만들어졌습니다. 1년이 딱 360일도 아니고, 365일로 해도 시간이 지나면 또 맞지 않으니 이리저리 방법을 썼지요. 하지만 이런 일이 가능한 건 이제 곱셈이나 나눗셈, 약수와 배수 등을 능란하게 쓸 수 있는 능력을 갖췄기 때문이기도 합니다.

이렇게 달력을 만들 수 있게 된 데는 천문학의 발달도 큰 역할을 했습니다. 달과 태양뿐만 아니라 다른 별들의 운행에 대해서도 열심히 관측하고 기록하면서 그 주기의 정확성을 높였다는 점도 말씀드리고 싶군요.

금성을 기록하다

약 4,000년 전, 바빌로니아 제국의 번성기에 천문학은 상상 이상으로 발달했습니다. 그곳의 천문학자는 수학자이기도 했죠. 그들은 복잡한 천체의 움직임을 관찰하고 계산하여 앞날을 예측했습니다. 그런 활동의 결과로 현재까지 남아 있는 것 중 하나가 '암미사두카의 금성 서판'입니다. 금성이 나타났다가 사라지는 걸 21년에 걸쳐 기록한 자료입니다. 금성이 실제 사라졌다 나타났다 한 게 아니라 당시로선 금성이 태양과 지구 사이에 올 때만 볼 수 있었기 때문이죠. 금성이 지구에서 볼 때 태양 뒤쪽으로 가면 사라지는 것으로 여겼습니다.

그들이 계산한 금성의 주기는 584일이었습니다. 실제 금성의 공전주기는 지구보다 짧아 약 224.7일입니다. 하지만 지구도 공전하고 금성도 공전을 하기 때문에 지구에서 볼 때 같은 위치에 오는 주기는 약 583.92일입니다(이를 회합주기라고 합니다). 그러니 584일이라 관측한 건 엄청 정확한 거죠.

이런 정확도는 다른 천체에 대한 관측에서도 나타납니다. 달의 관측을 통해 월식이 18년 11일마다 반복되는 사실을 발견하죠. 그리고 수성, 화성, 목성, 토성의 주기도 거의 정확하게 계산합니다.

그런데 이런 계산에는 전제가 있습니다. 가령, 금성은 584일마다 지구와 같은 위치에 옵니다. 이를 알아내려면 뭐가 필요할까요? 하나는 앞에서 우리가 살펴본 것처럼 날짜를 세는 겁니다. 다른 하나는 위치를 확인하는 거죠. 같은 곳이라는 걸 알려면 위치가 정확해야 하니까요.

그런데 위치를 알려면 기준이 있어야 합니다. 그래서 그들은 하늘에 있는 대표적인 별자리 12개를 기준으로 삼습니다. 이를 황도 12궁이라고 하지요. 그리고 그들 사이의 각을 30도로 잡아 원을 360도로 했습니다. 현재 우리가 원을 360도라고 하는 것도 여기서 유래하죠.

그리고 하룻밤, 즉 12시간을 12등분하고 다시 이를 30등분하여 총 360등분합니다. 시간도 각도도 모두 360등분으로 만들어 서로 바꿀 수 있게 하는 겁니다. 물론 그런다고 관측이 쉽지는 않았겠지요. 하지만 당시 바빌로니아 사람들은 기원전 7세기부터 기원후 1세기까지 무려 800년에 걸쳐 매일 관측을 했습니다. 정말 엄청난

끈기죠. 수백 명, 수천 명이 매달려 관측하고, 기록하고 계산한 결과, 이렇게 정확한 주기를 알게 되었던 겁니다. 당시에는 천문학이 곧 수학이고, 수학이 곧 천문학이었습니다.

숫자를 쓰기 시작한 사람들

앞서 우리는 수와 사칙연산 개념이 어떻게 발전해 왔는지를 살펴봤습니다. 어느 특정 개인의 발명이 아니라 수많은 사람의 고민과 경험, 그리고 적용 과정을 거치면서 수는 구체적 대상과 분리된 추상적 개념으로 발전합니다.

그런데 이 과정에서 수를 표시하는 방법 또한 발전합니다. 가장 먼저는 앞의 예시에 나온 것처럼 조개껍데기나 토기 조각을 이용하는 것이지요. 하지만 이런 것들은 잠시 표시할 때는 괜찮지만 오래 기록에 남기거나 큰 수를 계산할 때는 쓰기 어렵지요. 그래서 문자를 쓰기 시작하면서 숫자도 쓰게 됩니다. 가장 먼저 숫자를 썼던 이들은 남아 있는 기록에 따르면 기원전 3000년경 지금의 메소포타미아 지방에서 번성하던 수메르 문명입니다.

이들은 육십진법을 사용했습니다. 우리는 십진법을 사용해서 1~9까지는 1의 자리에 숫자가 가다가 10이 되면 새로운 자리로 가는데 이들은 60까지를 한 자리로 사용한 거죠. 하지만 60은 너무

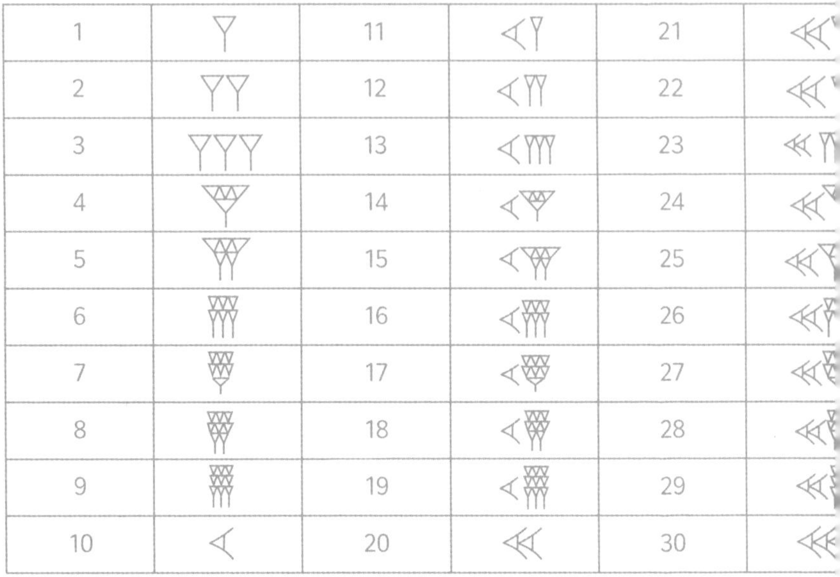

1	▽	11	◁▽	21	◁◁▽
2	▽▽	12	◁▽▽	22	◁◁▽▽
3	▽▽▽	13	◁▽▽▽	23	◁◁▽▽▽
4	▽▽▽	14	◁▽▽▽	24	◁◁▽▽▽
5	▽▽▽▽▽	15	◁▽▽▽▽▽	25	◁◁▽▽▽▽▽
6	▽▽▽	16	◁▽▽▽	26	◁◁▽▽▽
7	▽▽▽	17	◁▽▽▽	27	◁◁▽▽▽
8	▽▽▽	18	◁▽▽▽	28	◁◁▽▽▽
9	▽▽▽	19	◁▽▽▽	29	◁◁▽▽▽
10	◁	20	◁◁	30	◁◁◁

많으니까 중간에 10을 넣어 한 번 정리를 해 줍니다. 마치 로마 숫자처럼요. 로마 숫자는 1, 2, 3, 4를 Ⅰ, Ⅱ, Ⅲ, ⅠⅢ(Ⅳ) 이렇게 쓰는데 이러면 7이나 8로 가면 ⅠⅢⅢⅢ, ⅠⅢⅢⅢⅢ이 되니 쓰기도 읽기도 힘들죠. 그래서 5를 Ⅴ로 표현합니다. 그러면 6은 Ⅵ, 7은 Ⅶ가 되죠. 고대 수메르도 마찬가지여서 10을 중간에 다른 표시로 넣어 줍니다.

위 그림에서 볼 수 있듯이 1은 세로로 긴 모양, 10은 가로로 누운 모양입니다. 나머지 수는 모두 이 둘의 조합이지요. 가령 21은 가로로 누운 것 둘에 세로 하나를 써서 나타냅니다. 그렇다고 10

31		41		51	
32		42		52	
33		43		53	
34		44		54	
35		45		55	
36		46		56	
37		47		57	
38		48		58	
39		49		59	
40		50		60	

수메르 문명 시대의 숫자 표기.

에서 자리가 바뀐 건 아니고요. 그저 계속 나열하기 힘드니 중간 숫자 하나에 다른 모양을 넣은 것이지요.

그리고 가장 특이한 것은 1과 60이 같은 모양이라는 겁니다. 마치 우리가 11을 쓸 때 10의 자리나 1의 자리나 1의 모양이 같은 것과 같습니다. 즉, 60의 세로 모양은 그 자체로 1이 아니라 60을 나타내죠. 그리고 60이 60개 있으면 3,600이 되는데 이 또한 모양은 1과 같습니다. 마치 123에서 백의 자리 모양이 1인 것과 같지요.

수메르와 비슷한 기원전 3000년경에 숫자를 만든 이집트는 모습도 체계도 조금 다릅니다. 이집트 문자가 상형문자인지라 그 영향을 받았지요. 이들은 육십진법 대신 우리처럼 십진법을 사용합니다. 그래서 1, 10, 100, 1,000, 10,000, 10만, 100만을 나타내는 특별한 기호가 있었죠.

아래 그림처럼 1은 세로로 한 줄이니 지금 우리가 쓰는 1과 별 차이가 없습니다. 10은 뒷꿈치뼈인데 마치 말발굽처럼 생겼지요. 100은 밧줄 한 다발을, 1,000은 님페아 수련 한 송이를 뜻합니다. 1만은 구부린 손가락 모양으로 표현합니다. 10만은 올챙이 또는 개구리를 나타냅니다. 100만 혹은 큰 수, 아주 많다를 뜻하는 것은 '너무 놀라 양팔을 든 사람' 혹은 '이집트 신 후흐'라고도 합니다.

수	모양	설명
1	/	막대기 모양
10	∩	말발굽 모양
100	?	밧줄을 둥그렇게 감은 모양
1,000		나일 강에 피어 있는 수련 모양
1만		하늘을 가리키는 손가락 모양
10만		나일강에 사는 올챙이 모양
100만		너무 놀라 양팔을 하늘로 쳐든 사람 모양

이집트의 숫자 표기.

알파벳이 숫자인 그리스와 로마

그리스와 로마에서는 자신들의 알파벳을 이용해 숫자를 표시했습니다. 기원전 500년경의 그리스에서는 대략 알파벳 순서대로 다음처럼 표기했습니다.

알파(α)=1, 베타(β)=2, 감마(γ)=3,⋯, 세타(θ)=9

요타(ι)=10, 카파(κ)=20, 람다(λ)=30,⋯, 코파(ϱ)=90

로(ρ)=100, 시그마(σ)=200, 타우(τ)=300,⋯, 삼피(λ)=900

이렇게 표기를 하려면 1~9, 10~90, 100~900까지 총 27글자가 필요합니다. 원래 그리스 알파벳 24글자보다 셋이 더 많지요. 그래서 이를 위해 스티그마(ς), 코파(ϱ), 삼피(λ)라는 문자를 추가하지요. 그러고도 999가 한계입니다.

그러면 25,479처럼 999를 넘는 수는 어떻게 표현할까요? 그리스식으로 표현하자면 '카파엡실론 입실론오미크론세타($_{,}\kappa\varepsilon~\upsilon o\theta$)'입니다. 맨 앞에 카파($\kappa$)는 원래 20인데 그 왼쪽 아래 작은 쉼표가 1,000을 곱하라는 기호라 2만이 됩니다. 그리고 엡실론(ε)은 5인데 마찬가지로 1,000을 곱해 5,000이 됩니다. 그리고 한 칸 띄운 건 이 둘만 1,000을 곱하라는 이야기죠. 다음 입실론(υ)은 400, 오미크론(ο)이 70, 세타(θ)가 9 그래서 25,479가 됩니다.

그래도 그리스 숫자는 좀 나은 편입니다. 로마 숫자는 쓰기도 읽기도 훨씬 더 힘듭니다. 로마에서는 I, V, X, L, C, D, M 등의 라틴어로 표기를 했습니다. 라틴어가 자기네 문자니 당연했겠죠. 하지만 숫자를 위한 특별한 기호가 없어서 이게 숫자를 뜻하는 건지, 문자를 뜻하는 건지는 문맥을 보고 판단해야 합니다.

1은 I, 5는 V, 10은 X입니다. 10의 X는 5의 V를 위아래로 붙인 모양이지요. 그리고 50은 L, 100은 C, 500은 D, 1,000은 M이죠. 그런데 이러면 큰 숫자를 쓰기가 매우 어렵습니다. 가령 25,479는 MMMMMMMMMMMMMMMMMMMMMMMMMCDLXXIX입니다. 일단 앞의 1,000을 뜻하는 M 25개가 25,000이고 그 다음에 나오는 CD가 400을 뜻하는데 IV가 4인 것과 같은 원리를 따른 것입니다. I는 1이고 V는 5인데 I가 V 왼쪽에 가면 1을 빼라는 뜻이라 4가 되듯이 C가 100이고 D가 500인데 C가 D 왼쪽에 있으니 100을 빼서 400이란 뜻입니다. LXX가 70 그리고 IX가 9를 나타냅니다. 엄청 쓰기 싫겠지요.

그래서 당시 로마인들도 다른 방식을 도입하긴 합니다. 숫자 위에 막대를 그어 1,000을 곱하기도 하고, Ð로 5,000, Ⓓ로 10,000을 나타내는 식으로 추가 문자를 도입하기도 합니다. 아니면 아예 글로 풀어 쓰는 방법도 있죠. 가령 25,479는 라틴어로 표현하면

"Viginti quinque milia quadringenti septuaginta novem(비긴티 퀸 퀘 밀리아 콰드링겐티 셉투아긴타 노벰)"인데 한국어로 번역하면 '이 십오 천 사백 칠십 구'입니다. 마치 우리가 25,479라고 쓰고 '이만 오천사백칠십구'라고 읽는 거랑 같은 방법입니다. 어떤 방법이든 큰 수를 쓰는 건 쉽지 않은 일이었습니다.

하지만 그리스와 로마를 비롯한 유럽은 중세가 될 때까지 1,000 년 이상 이런 방식으로 수를 쓰고 계산했습니다. 인도인들이 그들 을 수의 지옥에서 구원할 때까지 말이지요. 그 이야기는 뒤에서 다시 다루겠습니다.

완전수의 탄생

약수와 배수 그리고 소수

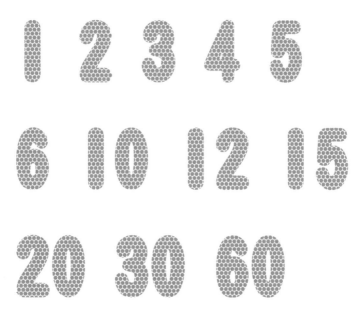

약수와 배수는 실생활의 다양한 영역에서 나타나는
문제를 해결합니다.

어느 중학교에서 과학토론대회에 참가할 학생들을 모집했습니다. 총 36명이 신청을 했죠. 토론대회는 팀을 짜서 나가야 합니다. 36명이니 2명씩 18팀, 3명씩 12팀, 4명씩 9팀, 6명씩 6팀 이렇게 네 가지 구성이 가능합니다. 그런데 나중에 한 학생이 자기도 하겠다고 추가 신청을 했습니다. 37명이 되니, 어떻게 나눠도 같은 수의 학생으로 팀을 짤 수가 없게 되었습니다. 여러분도 이유를 아시겠죠.

36은 약수로 1, 2, 3, 4, 6, 9, 12, 18, 36 이렇게 9개의 수를 가지기에 여러 방법으로 팀을 나눌 수 있는 거죠. 하지만 37은 1과 자신 말고는 약수가 없는 소수라서 팀을 나눌 수 없습니다. 어떻게 되었냐고요? 선생님이 한 명 더 신청하게 해서 38명. 그래서 2명씩 19팀을 만들었답니다.

이 예에서 보듯이 약수와 소수는 같은 뿌리에서 출발한 개념이죠. 그런데 이 약수와 소수가 문제를 풀 때는 괴롭지만 요모조모 살펴보면 꽤 재미있는 구석이 있습니다.

차탈회위크의 밀 분배

기원전 7000년경, 현재의 튀르키예 남동부 지역 차탈회위크(튀르키예 중앙아나톨리아 지역 콘야에 있는 신석기 시대 초기 도시 유적)의 한 마을은 막 밀 수확을 끝냈습니다. 수확한 밀의 양은 큰 바구니로 20개입니다. 마을의 다섯 가족이 공평하게 나누고자 합니다.

책임자는 먼저 20개의 작은 돌을 가져와 밀 바구니를 대신했습니다. 그는 땅 위에 다섯 가족을 의미하는 다섯 개의 동그라미를 그렸습니다. 그리고 각 원에 하나씩 돌을 놓았고, 이를 네 번 반복하니 마침내 돌이 다했습니다. 이렇게 하여 각 가족에 네 바구니씩 주면 된다는 것을 알게 됩니다.

이 과정에서 사람들은 20이 5의 배수임을 직관적으로 이해하고, 동시에 4가 20을 균등하게 나눌 수 있는 수라는 개념을 인식하게 되었습니다. 그들은 이 방법으로 다른 수확물도 쉽게 분배할 수 있게 됩니다.

며칠 뒤 마을 사람들은 시내에 가서 물고기를 32마리 잡았습니다. 사람들은 다시 땅 위에 동그라미를 5개 그렸습니다. 동그라미마다 돌을 놓기를 반복하니 6개씩이 들어가고 2개가 남네요. 그래서 사람들은 가족마다 물고기를 6마리씩 주고, 2마리는 조상에게 감사를 드리는 간단한 제사에 쓰기로 했습니다.

기원전 6000년경, 한 마을 주민이 점토 토큰에 간단한 기호를 새겨 수확물의 양을 기록하기 시작했습니다. 이는 차탈회위크에서 발견된 가장 초기의 기록 시스템 중 하나로 여겨집니다. 그러나 아직 약수나 배수 등의 개념을 확실히 가진 것은 아니고 실제 물건을 나누는 방법으로 사용되었을 뿐입니다.

『린드 파피루스』의 약수와 배수
기원전 1850년경

기원전 1850년경, 이집트 제12왕조의 파라오 아멘엠하트 3세 시대에 한 서기관이 있었습니다. 그의 이름은 네페르카레였고, 그는 후에 『린드 파피루스』로 알려질 중요한 수학 문서를 필사하고 있었습니다. 이 책은 가장 오래된 수학 교과서 중의 하나로, 아흐모세가 필사했지만 실제 작성자는 알 수 없습니다.

어느 날, 네페르카레는 왕실 창고의 재고를 확인하는 임무를 받았습니다. 그는 다양한 물품의 수량을 기록하면서 숫자들 사이의 관계에 주목하기 시작했습니다.

네페르카레는 가상의 인물이며 본문의 이야기도 가상으로 꾸민 것입니다.

그는 80개의 빵 덩어리를 8개의 바구니에 똑같이 나누어 담아

야 했습니다. 그는 파피루스에 계산 과정을 기록했습니다.

"80을 8로 나누면 10이 됩니다. 이는 8이 80의 약수이며, 80이 8의 배수임을 의미합니다."

그는 이 과정을 반복하면서 다른 숫자들 사이의 관계도 기록했습니다. 예를 들어 "60은 1, 2, 3, 4, 5, 6, 10, 12, 15, 20, 30, 60으로 나눌 수 있습니다. 이들은 모두 60의 약수입니다."

네페르카레는 이러한 관찰을 통해 약수와 배수의 개념을 이해하기 시작합니다. 그는 이 개념들이 여러 일을 하는 데 매우 유용하다는 것을 깨달았습니다.

가령, 파라오를 위한 새로운 신전을 설계할 때 네페르카레는 기둥의 배치를 고려하여 신전의 가로 길이를 120큐빗으로 정합니다. 120은 약수가 5, 6, 8, 10, 12, 15, 20, 24, 30, 40으로 매우 많기 때문이죠. 이러면 다양한 기둥 배치 옵션을 제시할 수 있습니다. 예를 들어, 6개의 기둥을 사용하면 각 기둥 사이의 간격이 20큐빗이 되

고, 8개의 기둥을 사용하면 간격이 15큐빗이 됩니다. 이런 고려가 없이 가로를 127 같은 소수로 정해 버리면 기둥 배열이 쉽지 않지요.

1년의 길이를 정한 것도 이런 배수 개념이 들어갑니다. 고대 이집트의 1년은 360일이었습니다. 이들이라고 1년이 원래 365일이란 걸 모르진 않았지요. 하지만 360일이라고 주장하면 1년을 12개월로 나누고 각 달을 30일로 딱 맞추는 것이 가능하므로 이렇게 정한 거지요. 그리고 5일은 대충 맨 마지막에 집어넣고요.

이러한 예들을 통해 네페르카레는 약수와 배수의 개념이 단순한 수학적 관찰을 넘어 실제 생활의 다양한 영역에서 문제 해결에 도움이 된다는 것을 깨달았습니다. 노력은 결실을 맺어 완성된 『린드 파피루스』에 반영됩니다. 이 문서에는 분수 계산, 면적 계산, 등차수열의 합 등 다양한 수학적 개념이 포함되어 있었고, 그중 약수와 배수의 개념도 포함되어 있습니다.

피타고라스의 완전수와 친화수
기원전 570년~기원전 400년경

기원전 570년경, 그리스의 사모스섬에서 태어난 피타고라스는 어린 시절부터 수에 깊은 관심을 보였습니다. 그는 이집트와 바빌로니아를 여행하며 수학을 배웠고, 기원전 530년경 이탈리아 남부의 크로톤에 정착하여 자신의 학파를 설립했습니다.

피타고라스와 그의 학파는 실존했으며, 수에 대한 그들의 철학적 접근은 역사적 사실입니다. 하지만 완전수, 친화수, 소수의 개념은 실제로 그리스 수학에서 연구되었지만, 정확한 발견 시기와 방법은 불확실합니다.

피타고라스는 그의 제자들에게 수의 성질에 대해 가르칩니다. 그는 "모든 것은 수다"라고 선언하며, 수에 신비한 의미를 부여하기 시작했습니다. 피타고라스가 말했습니다.

"1은 모든 수의 약수로 모든 수의 시작이다. 2는 첫 번째 짝수로 대립을 상징한다. 3은 1을 제외한 첫 번째 홀수로 시작과 중간, 끝을 가진 완전함을 드러낸다."

피타고라스와 제자들의 대화는 가상의 상황입니다.

그의 제자 중 한 명인 히파소스가 물었습니다.

"스승님, 그렇다면 다른 수들은 어떤 의미가 있나요?"

피타고라스는 미소를 지으며 모래 바닥에 6을 그리고 그 아래에 1, 2, 3을 썼습니다.

"보아라, 6의 약수인 1, 2, 3을 모두 더하면 다시 6이 된다. 이는 우주의 조화를 나타내는 것이 아니겠는가? 우리는 이런 수를 완전수라 부른다."

피타고라스학파가 발견한 완전수에는 6이외에 28과 496도 있습니다. 몇 년 후, 피타고라스는 또 다른 흥미로운 발견을 했습니다.

"220과 284라는 두 수를 보거라. 220의 진약수(약수 중 자기 자신을 제외한 약수)를 모두 더하면 284가 되고, 284의 진약수를 모두 더하면 220이 된다. 이 두 수는 서로 친구 같지 않은가? 이런 두 수를 친화수 혹은 우애수라 부르자."

220과 284는 피타고라스학파가 알고 있던 유일한 친화수였으며 그 후 약 2,300년 동안 인류가 알던 유일한 친화수이기도 했습니다. 다음 친화수는 1866년이 되어서야 나타나는데, 이탈리아의 천재 소년 니콜라 파닌이 16살에 발견한 1,184와 1,210입니다.

피타고라스는 계속해서 말했습니다.

"어떤 수들은 더 이상 나눌 수 없다. 2, 3, 5, 7과 같은 수들이지. 이런 수들, 1과 자기 자신 외에는 나누어 떨어지지 않는 수를 소수라고 부르자. 이들은 다른 모든 수의 기본 요소가 된다."

에우클레이데스의 증명과 에라토스테네스의 체
기원전 300년~기원전 200년경

기원전 300년경, 알렉산드리아의 도서관에서 수학자 에우클레이데스는 그의 기념비적인 저서 『원론』을 집필하고 있었습니다. 이 책은 기하학뿐만 아니라 수론에 대한 중요한 내용도 담고 있었습니다.

『원론』은 기원전 300년경에 에우클레이데스가 편찬한 책으로 당시 수학의 성과를 집대성해서 체계화한 수학의 고전으로 평가됩니다.

당시 사람들이 발견한 것 중 하나가 소수가 갈수록 줄어든다는 겁니다. 가령 1~10 사이에서 소수는 2, 3, 5, 7 이렇게 4개입니다. 21~30 사이에서 소수는 2개(23, 29)죠. 1~100 사이에서 소수의 개수는 총 25개입니다. 101~200 사이에서 소수의 개수는 21개입니다. 201~301 사이의 소수의 개수는 16개입니다. 1,000을 넘어가면 소수가 나타나는 비율은 더 줄어듭니다. 그래서 어느 정도 수가 커지면 소수는 나타나지 않을 것으로 생각하는 사람들이 있었습니다. 즉, 자연수는 무한해도 소수의 개수는 유한하다고 생각했습니다.

그런데 에우클레이데스는 소수가 무한히 많다는 것을 아주 간단히 증명합니다. 그의 말을 직접 들어보죠.

"어떤 소수들의 집합이 있다고 가정합시다. 이 소수들을 모두 곱합니다. 이 수는 곱했던 모든 소수의 배수가 되죠. 여기에 1을 더합니다. 이렇게 만들어진 수는 원래의 소수 어느 것으로 나누어도 딱 떨어지지 않습니다. 가령 2와 3이라는 소수를 곱하죠. 그러면 6이 됩니다. 6은 2와 3으로 나누면 딱 떨어지죠. 하지만 1을 더해 주어 7이 되면 이제 나누더라도 항상 나머지가 1이 됩니다. 이는 어떤 소수끼리의 곱에서도 일어나는 일이죠.

따라서 이 수는 새로운 소수이거나, 아니면 기존에 곱했던 소수 이외의 다른 소수의 배수 둘 중 하나입니다. 어느 경우든 새로운 소수가 존재하게 됩니다. 이제 10개의 소수가 있어 이를 곱하고 1을 더하면 11번째의 소수를 발견합니다. 다시 11개의 소수를 곱하고 또 1을 더하면 12번째 소수가 나옵니다. 이 과정은 무한히 반복될 수 있으므로, 소수는 무한히 많습니다."

실제로 해 볼까요? 가장 작은 소수 2와 3을 곱하면 6이 됩니다. 여기에 1을 더하면 7, 소수가 되죠. 이제 2와 3과 5를 곱해 보죠. 30입니다. 여기에 1을 더하면 31, 역시 소수입니다. $2 \times 3 \times 5 \times 7$은 210입니다. 여기에 1을 더한 211 또한 소수입니다.

소수가 아닌 경우도 나오죠. $2 \times 3 \times 5 \times 7 \times 11 \times 13 = 30,030$입니다. 여기에 1을 더한 30,031은 하지만 소수가 아닙니다. 59×509가 30,031이기 때문이죠. 하지만 이 경우도 새로운 소수 59와 509를 발견하게 됩니다. 이는 수학의 역사에서 가장 우아한 증명 중 하나입니다.

에우클레이데스는 또한 '에우클레이데스의 호제법'이라고 알려진 최대공약수를 구하는 방법을 개발합니다. 보통 중학교 2학년 때 배우는 최대공약수 구하는 방법이 바로 2,000년 전에 에우클레이데스가 만든 거죠.

기원전 240년경, 알렉산드리아의 또 다른 수학자 에라토스테네스는 소수를 찾는 효율적인 방법을 고안했습니다. 간단히 말하자

1	2	3	4	5	6	7	8	9	10
11	12	13	14	15	16	17	18	19	20
21	22	23	24	25	26	27	28	29	30
31	32	33	34	35	36	37	38	39	40
41	42	43	44	45	46	47	48	49	50

에라토스테네스의 체. 2의 배수, 3의 배수, 5배 배수 등을 차례로 지우는 방법을 씁니다.

면 제일 작은 소수부터 시작해 해당 범위의 소수의 배수를 모두 지우는 겁니다.

가령 100까지의 소수를 모두 구할 때 이 방법을 쓰면 아주 쉽습니다. 가장 작은 소수가 2이니 일단 2의 배수를 모두 지웁니다. 짝수 모두가 사라지니 전체의 절반은 신경쓸 필요가 없어지지요. 다음으로 작은 소수는 3입니다. 이제 3의 배수를 몽땅 지우는 거지요. 다음 5의 배수, 다음 7의 배수…. 이런 식으로 지웁니다.

이 방법을 통해 에라토스테네스는 큰 범위의 수 중에서 소수를 빠르게 찾아낼 수 있었습니다. 배수를 모두 지우는 것이 마치 체를 털어 필요 없는 걸 없애는 것 같다고 해서 후에 '에라토스테네스의 체'라고 부르지요. 여러분도 한번 해 보시죠. 100까지는 금방 찾을 수 있을 겁니다.

땅을 재다 1

옛사람들의 기하학

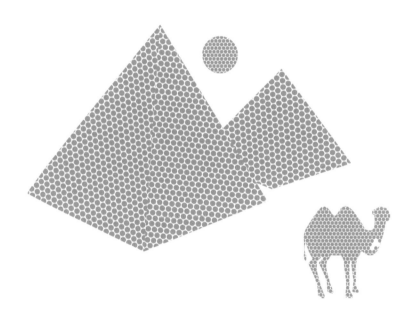

피라미드의 네 모서리는 거의 완벽한 정사각형을 이루며,
높이와 경사각도 놀라울 정도로 정확합니다.

기하학의 시작

 각 삼각형의 각 하나가 몇 도인지, 반지름을 아는 원의 넓이는 얼마인지 등 도형에 관련된 수학을 기하학이라고 합니다. 넓히면 사인, 코사인, 탄젠트 같은 것도 들어가고요. 기하학은 대수학과 함께 수학 역사의 시작부터 함께했지요. 하지만 사실 머리를 아프게 하는 것도 사실입니다. 이런 기하는 누가 왜 무슨 쓸모로 만든 걸까요?

 기하학이란 단어 자체에 그 이유가 있습니다. 기하학은 영어로 geometry라고 하는데 이는 그리스어에서 유래했습니다. geo는 '대지'를 의미하고 metry는 '측정'을 뜻하죠. 즉, 기하학은 땅을 측정한다는 뜻입니다. 서양 기하학이 처음 시작된 고대 이집트에서는 매년 나일강이 범람합니다. 그 뒤 경계가 모호해진 농경지를 다시 측정하는 과정에서 기하학이 발달했기 때문이죠.

투르키예의 주거지 건설

　기원전 1만 년경, 현재의 투르키예 아
나톨리아 지역의 지도자 아리스는 부족
원이 늘어나자 새로운 집을 지으려 합니
다. 여러 의견을 듣는데 그중 한 명이 동
그란 형태의 주거지를 제안합니다.

이 이야기와 등장 인물은
모두
가상의 상황입니다.

　"존경하는 지도자님, 우리는 자연에서 원의 형태를 자주 봅니
다. 달, 태양, 그리고 새의 둥지까지도 둥근 형태입니다. 원형 주거
지를 만들면 어떨까요? 전에 원형으로 집을 지었더니 바람에 대
한 저항이 적어 태풍이나 돌풍에도 피해가 적더군요. 게다가 같은
크기의 집들보다 점토 벽돌 수가 적게 들어가면서도 내부는 더 넓
더군요."

아리스가 관심을 보이자, 그는 만드는 방법을 설명합니다.

"일단 땅을 평평하게 고릅니다. 그리고 긴 나뭇가지를 중앙에 꽂고 긴 줄을 묶습니다. 줄의 다른 쪽 끝을 잡고 한 바퀴 돌면 원을 그릴 수 있습니다. 원의 가장자리를 따라 기둥을 세웁니다. 기둥 사이를 벽돌로 메우고 지붕을 올리면 동그란 형태의 주거지를 만들 수 있습니다."

아리스는 이 아이디어를 채택했고, 부족민들과 함께 주거지를 만듭니다. 과연 만드는 데 벽돌 수도 적게 들었고, 집 내부는 넓습니다. 주변 부족들이 너도나도 원형 집을 만들기 시작합니다.

실제 신석기시대 지어진 움집을 보면 원형인 경우가 많습니다. 원은 같은 면적의 다른 도형에 비해 도형의 둘레 길이가 가장 짧습니다. 즉, 담을 쌓는 데 품이 덜 드는 것이지요. 그리고 원형은 외부의 힘에 대한 저항력도 큽니다. 집만 원형으로 지은 것은 아닙니다. 이런 집들이 모여 있는 정착지도 원형을 유지합니다. 정착지를 보호하는 방벽도 원형으로 세운 경우가 많습니다. 그리고 방벽 밖에는 원형의 해자를 파기도 했습니다. 그리고 원은 고대인들에게 신성함의 상징이기도 했습니다. 그래서 스톤 헨지나 고셰크 테페 같은 기념물이나 유적지도 원형으로 지어진 경우가 많지요.

이런 원형 구조물의 건설은 신석기 사람이 원의 형태를 인식하고 실용적으로 활용할 수 있었다는 것을 보여 줍니다. 그들은 중심점에서 일정한 거리를 유지하며 원을 그리는 방법을 알고 있었을 것입니다. 하지만 그들이 지름, 반지름, 원주 등의 기본적인 기하학 개념을 이해한다고 보기는 어렵죠. 단지 경험을 통해 습득한 실용적 지식일 뿐이었습니다.

메소포타미아의 토지 측량 체계 개발

기원전 3,000년경, 메소포타미아의 도시 우르의 지배자 엔릴 무바릿은 주민들에게 농경지를 분배하고, 세금을 받았습니다. 이를 위해선 토지의 면적을 정확하게 측정할 필요가 있었는데

이 이야기와 등장 인물은 모두 가상의 상황입니다.

토지마다 모양이 달라 쉽지 않은 작업이었습니다. 그는 부하 중 현명하다고 소문난 슈룹팍에게 상의했습니다. 슈룹팍은 기하학적 형태를 이용한 측량 방법을 제안했습니다.

"복잡한 모양의 토지를 직사각형과 삼각형 모양으로 나누면 쉽게 면적을 잴 수 있습니다. 그런 다음 긴 줄을 이용해 각 변의 길이를 재고, 이를 바탕으로 면적을 계산할 수 있습니다."

엔릴 무바릿은 쉽게 계산할 수 있다는 말에 흥미를 보였고 어떻게 가능한지 묻습니다. 슈룹팍이 계속해서 설명했습니다.

"직사각형 모양의 땅은 길이와 너비를 곱하면 그 값이 바로 넓이입니다. 삼각형 모양의 땅은 밑변의 길이와 높이를 곱한 후 반으로 나누면 넓이가 됩니다. 이렇게 하면 복잡한 형태의 토지도 작은 부분으로 나누어 정확히 측정할 수 있습니다."

실제 기원전 2000년경의 것으로 보이는 수메르 시대 점토판에는 토지 측량과 관련된 내용이 포함되어 있습니다. 토지의 크기, 형태, 소유자 정보 등이 담겨 있죠. 그리고 기원전 1750년경, 바빌로니아 함무라비 법전에도 토지 측량과 관련한 조항들이 포함되

어 있지요. 거기다 바빌로니아 시대 여러 점토판에서는 삼각형과 사각형 그리고 원의 면적을 구하는 방법 등이 기록되어 있기도 합니다.

어느 날 엔릴 무바릿은 신하 슈룹팍에게 세상에서 가장 큰 신전을 지을 것을 명합니다. 이제껏 지은 어느 건물보다 훨씬 큰 건물을 세우려니 여러 어려움이 있었는데 그중 하나가 같이 일하는 사람들에게 길이나 부피를 정확히 알려 주는 일이었습니다. 기둥으로 쓸 나무의 길이나 벽돌의 가로, 세로, 높이 등을 만드는 이들에게 매번 실을 길이만큼 잘라 보여 주자니 여간 성가신 것이 아니었습니다. 뭔가 방법을 찾아야 했죠.

이때 엔키두가 인체를 기반으로 한 측정 단위를 제안합니다.

"존경하는 건축가님, 우리 모두 쉽게 이해하고 사용할 수 있는 단위가 있으면 좋을 듯합니다. 팔꿈치에서 손가락 끝까지의 길이

를 기본 단위로 삼아 '큐빗'이라 부르면 어떨까요?"

슈룹팍이 관심을 보이자 엔키두는 계속해서 설명했습니다.

"큐빗을 기본으로 하여 더 작은 단위와 더 큰 단위를 만들 수 있습니다. 손바닥 너비를 '팜'으로, 손가락 너비를 '디짓'으로 정하면 어떨까요? 그리고 6큐빗을 '로드'라고 부르면, 더 긴 거리도 측정할 수 있습니다."

슈룹팍은 크게 무릎을 치며 이 시스템을 채택했고, 우르의 표준 측정 단위가 되었습니다. 이제 일일이 직접 실이나 막대로 필요한 길이를 보여 주지 않아도 5큐빗짜리 막대를 만들어 달라고 하면 상대방이 쉽게 알아듣게 되었습니다.
엔키두가 덧붙였습니다.

"길이뿐만 아니라 면적도 측정해야 합니다. 가로세로 1큐빗의 정사각형 넓이를 기본 단위로 삼고, 이를 '사르'라 부르면 어떨까요? 이를 이용하면 더 큰 면적도 쉽게 계산할 수 있습니다."

이 또한 우르의 표준 측정 단위가 되었죠. 사람들은 큐빗과 사르 단위를 사용하면서 자연스럽게 길이, 면적, 비율의 개념을 이해하기 시작했습니다. 이 측정 체계의 흔적은 고대 점토판과 건축물에서 발견되며, 특히 기원전 2100년경의 '우르-남무의 자' 유물은 당시 사용되던 표준 측정 단위를 보여 주는 중요한 증거입니다.

바빌로니아의 천체 관측과 각도 측정 체계 개발

기원전 1000년경, 바빌로니아의 도시 바빌론에서 천문학자들은 태양과 달, 그리고 별들의 움직임을 정확히 기록하고 예측하는 방법을 고안했습니다.

그들은 하늘은 둥글고 천체들이 우리 주변을 원 궤도로 돌고 있다는 점에 착안했습니다. 원을 360개의 같은 부분으로 나누어 각도를 측정하고, 각 부분을 '도(度)'라고 불렀습니다. 이 '도'를 기본으로 하여 더 작은 단위도 만들었습니다. 1도를 60개로 나눈 것을 '분(分)', 1분을 다시 60개로 나눈 것을 '초(秒)'라 불렀습니다.

왜 하필 360도와 60분, 60초였을까요? 360은 약수가 아주 많습니다. 1, 2, 3, 4, 5, 6, 8, 9, 10, 12, 15, 18, 20, 24, 30, 36, 40, 45, 60, 72, 90, 120, 180, 360. 이는 다양한 천체의 주기를 표현하는데 매우 유용합니다. 60분과 60초 또한 비슷한 이유로 선택합니다. 그런데 60초까지 나누었다는 건 엄청 세밀한 거죠. 360도에 60분에 60초면, 1초는 원의 129만 6,000분의 1인 거니까요.

실제 측정에는 초는 쓰이지 않았습니다. 맨눈으로 구분할 수 있는 각도는 1분 정도가 고작이니까요. 그럼에도 초를 쓴 건 계산 때문일 겁니다. 당시 각도와 주기에 대한 계산이 초 단위를 쓰지 않을 수 없을 정도로 정교했다는 뜻이지요.

사람들은 이 시스템을 사용하면서 원의 각도에 대한 여러 중요한 개념을 자연스럽게 이해하기 시작했습니다. 각도를 수치로 표현함으로써 각이라는 추상적인 개념을 실제 측정이 가능하게 만들었습니다. 천문학뿐만 아니라 건축, 항해 등 다양한 분야에서 각도를 정확히 측정하고 기록할 수 있게 되었습니다.

또 천체의 운동이 360도를 주기로 반복된다는 관찰을 통해 주기성의 개념을 이해하게 되었습니다. 이는 후에 더 복잡한 수학적 개념의 발전으로 이어졌습니다.

이러한 개념들의 발전은 단순히 천문학적 관측을 넘어 전반적인 수학과 과학의 발전에 큰 영향을 미쳤습니다. 그리고 이는 오늘날 우리가 사용하는 각도 체계의 기원이기도 합니다. 이 각도 측정 체계의 흔적은 여러 점토판에서 발견할 수 있는데 특히 기원전 1000년경의 '물아핀' 점토판은 당시 사용되던 정교한 천체 관측 자료가 담겨 있습니다.

이집트의 피라미드 건설 기술 발전

기원전 2600년경, 이집트 제4왕조의 파라오 쿠푸는 그의 영원한 안식처가 될 거대한 피라미드를 건설하라고 명령했습니다. 높이는 약 146미터, 밑변의 길이는 약 230미터의 엄청난 규모였습니다. 더구나 각 모서리는 정확하게 동서남북을 향합니다. 거기에 모서리 간의 오차는

> 파라오 쿠푸와 건축가 헤미우누는 실제 존재했던 인물이지만 이야기는 가상입니다.

2cm가 안 될 정도로 정확하죠. 약 230만 개의 블록을 쌓아 올린 고대의 불가사의입니다. 지어진 후 3,800년 동안 세계에서 가장 높은 건물이죠.

이집트인들은 어떻게 이 피라미드를 지었을까요? 당시 건축가였던 헤미우누를 만나 보죠. 헤미우누는 정교한 기하학적 원리를 적용한 건설 계획을 쿠푸왕에게 제안합니다.

"밑변이 정사각형인 땅에 네 개의 삼각형 면이 만나는 형태로 피라미드를 지을 수 있습니다. 이를 위해 완벽한 직각을 만드는 방법을 고안했습니다."

헤미우누는 계속해서 설명했습니다.

"우리는 3:4:5 비율의 삼각형을 이용할 것입니다. 12큐빗 길이의 로프에 11개의 매듭을 만들어 각 변이 3, 4, 5가 되도록 삼각형을 만들면 완벽한 직각이 됩니다. 이를 이용해 피라미드의 밑변을 정확히 정사각형으로 만들 수 있습니다."

쿠푸는 이 아이디어에 감탄했지만, 의문을 제기했습니다.
"하지만 그렇게 거대한 구조물을 어떻게 정확한 높이로 쌓을 수 있겠소?"

헤미우누는 이렇게 대답했습니다.

"세켓(경사도를 측정하는 도구)을 사용하여 각 모서리의 기울기를 일정하게 유지할 것입니다. 피라미드의 높이 대 밑변 길이의 절반 비율을 14:11로 하면, 지진에도 무너지지 않는 안정적이면서도

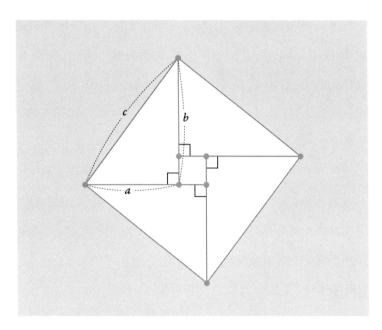

정삼각형 네 개로 정사각형을 만드는 방법 중 하나입니다.

장엄한 형태가 될 것입니다."

쿠푸는 이 계획을 승인했고, 이는 대피라미드 건설의 기초가 되었습니다. 이 방법은 놀라울 정도로 정확했고, 후대 이집트 피라미드 건설에 표준이 되었습니다.

이 건축 기술의 정확성은 오늘날까지 남아 있는 대피라미드를 통해 확인할 수 있습니다. 피라미드의 네 모서리는 거의 완벽한 정사각형을 이루며, 높이와 경사각도 놀라울 정도로 정확합니다.

사실 고대인들의 피라미드는 다 비슷합니다. 메소포타미아의 지구라트, 마야 문명과 아즈텍 문명의 피라미드, 수단의 쿠시 피라미드 등이 모두 비슷한데 이는 고대 건축의 한계입니다. 고대인들이라고 왜 높이 쌓고 싶지 않았겠습니까? 하지만 돌이나 점토 벽돌만으로 쌓으면 무너질 우려가 있어 빌딩처럼 높게 쌓을 수가 없죠. 여러 번의 시행착오 끝에 무너지지 않는 각도가 나왔는데 그게 피라미드의 각도인 거죠.

땅을 재다 2

그리스와 로마의 기하학

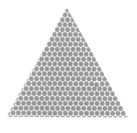

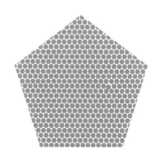
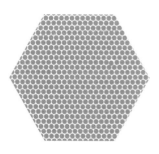

에우클레이데스의 『원론』은 단순히 기하학에 국한되지 않고, 수학적 사고 방식 전반에 깊은 영향을 미쳤습니다.

에우클레이데스와 기하학의 체계화

기원전 300년경, 알렉산드리아 도서관에서 주로 활동한 수학자 에우클레이데스는 기하학을 비롯한 수학의 권위자였습니다. 앞서 설명했듯이 그는 이전 수학자들의 업적을 종합하고 새로운 증명을 추가하여 『원론』이라는 수학책을 썼습니다. 그가 기하학을 체계적으로 만들려는 이유는 우주의 질서를 이해하는 열쇠이자 논리적 사고의 기초라 생각했기 때문입니다. 그는 몇 가지 기본적인 정의와 공리에서 시작해 모든 기하학적 진리를 논리적으로 이끌어 낼 수 있다고 믿었고 이를 정리한 책이 바로 『원론』입니다.

가령 '삼각형의 내각의 합은 180도이다'를 증명하는 과정을 보죠.

먼저 기본 정의(definition)는 하나입니다. '삼각형은 세 개의 선분으로 둘러싸인 도형이다.' 여기서 정의란 세 개의 선분으로 둘

러싸인 도형을 삼각형이라 부르자는 일종의 약속으로 따로 증명이 필요 없습니다.

두 번째로 공리도 하나입니다. '두 점 사이의 최단 거리는 직선이다.' 여기서 공리란 너무 자명해서 따로 증명할 필요 없이 참으로 받아들이는 명제를 말합니다. 역시 증명이 필요 없죠.

이제 삼각형에 대한 정의와 직선에 대한 공리를 가지고 증명을 이끕니다. 먼저 삼각형의 한 꼭짓점에서 대변에 평행한 직선을 그립니다. 평행선의 성질에 따라 마주 보는 삼각형의 두 내각과 같은 크기의 각이 만들어집니다. 이를 통해 삼각형의 내각의 합은 180도임이 증명됩니다.

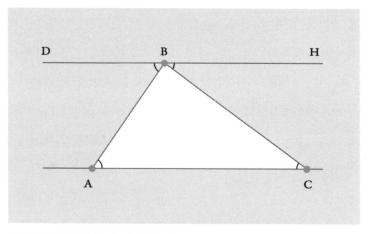

삼각형 ABC의 B점에 접하고 변AC에 평행한 직선 DH를 긋습니다. 평행선의 성질에 따라 각HBC와 각BCA가 같고, 각DBA와 각BAC가 같습니다. 따라서 삼각형 내각의 합은 각DBA+각ABC+각HBC의 합과 같습니다. 그리고 이것은 직선의 한쪽 전체이니 당연히 180도입니다.

이런 에우클레이데스의 방법론은 당시로선 아주 혁신적이었습니다. 그는 몇 가지 기본적인 정의와 공리에서 시작하여 모든 정리(Theorem 定理)를 논리적으로 증명했고 이를 통해 수학적 엄밀성의 새로운 기준을 세웁니다.

에우클레이데스의 『원론』은 그 후 2,000년 이상 기하학 교육의 표준이 되었으며, 논리적 사고와 수학적 증명의 모델이 되었습니다. 그의 업적은 단순히 기하학에 국한되지 않고, 수학적 사고방식 전반에 깊은 영향을 미쳤습니다. 우리가 수학 시간에 배우는 도형에 대한 각종 증명 대부분은 이 책에서 나온 것이죠.

아르키메데스와 고급 기하학의 발전
기원전 287년~212년

기원전 3세기, 시칠리아섬의 시라쿠사에선 아르키메데스가 기하학에 매달리고 있었습니다. 그는 에우클레이데스의 기초 위에 더 복잡하고 혁신적인 방법을 개발 중이었죠.

아르키메데스하면 가장 먼저 떠올리는 일화는 '유레카'죠. 부력을 이용해 물체의 무게를 재는 겁니다. 물체를 물에 넣으면 그 물체가 밀어낸 물의 무게만큼 위로 향하는 힘을 받는다는 게 부력의 원리인데 이를 목욕탕에서 발견했다는 이야기입니다. 물론 이

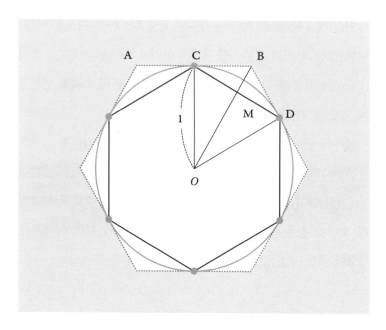

소진법을 사용해 원의 면적을 구하는 방법.

원리도 실생활에서 아주 유용합니다.

하지만 아르키메데스가 발견한 여러 업적 중 기하학에서는 소진법이 가장 중요하지 않을까 생각합니다. 소진법이란 간단히 말해서, 우리가 구하고자 하는 복잡한 도형을 점점 더 작은 부분으로 나누어 근삿값을 구하는 방법입니다. 이 과정을 무한히 반복하면, 정확한 값에 도달할 수 있습니다.

소진법을 사용한 대표적인 예는 원의 면적을 구하는 것이죠. 위 그림에는 두 개의 육각형이 보입니다. 하나는 원에 내접하고 다른 하나는 외접하지요. 바깥의 육각형은 원보다 면적이 크고, 안쪽의 육각형은 원보다 면적이 작습니다. 그러니 원의 면적은 두 육각형 면적 사이에 있겠죠. 두 육각형 면적을 더해서 반으로 나누면 원의 면적과 비슷해집니다. 이때 다각형의 변의 수를 육각형에서 팔각형, 십각형, 이십각형 이런 식으로 늘릴수록 더 정확해집니다.

또 이때 바깥 도형 변의 길이의 합과 안쪽 도형 변의 길이의 합을 더해 반으로 나누면 원의 둘레와 비슷해집니다. 이 역시 도형의 변의 수를 늘릴수록 정확해지지요. 아르키메데스는 이를 이용해서 π의 값을 $\frac{223}{71}$과 $\frac{22}{7}$ 사이로 추정합니다. 또 구의 부피도 반지름이 같은 원기둥 부피의 $\frac{2}{3}$임을 알아냅니다.

소진법은 실제로 복잡한 물체의 부피나 면적을 계산하는 데 아주 유용합니다. 현대의 적분 개념의 선구자로, 지금도 쓰입니다. 소진법이 적분과 가장 관계 깊은 것은 포물선의 면적을 구하는 것인데 이는 뒤에 나오는 미적분에서 다시 다루겠습니다.

아폴로니우스와 원뿔

기원전 262년~190년

기원전 3세기 말, 알렉산드리아에서 아폴로니우스는 기하학의 새로운 영역을 개척하고 있었습니다. 그의 주요 연구 대상은 원뿔을 평면으로 잘랐을 때 생기는 곡선들이었습니다.

옆 그림을 보면 원뿔 두 개를 꼭짓점을 맞춰 위아래로 놓았습니다. 이제 이 원뿔을 정확하게 가로 방향으로 자르면 그 단면은 원이 되지요. 약간 비스듬하게 자르면 타원이 됩니다. 또 비스듬하게 자르되, 바닥면을 지나게 자르면 포물선이 됩니다. 그리고 수직으로 자르면 위와 아래에 두 개의 둥근 호가 서로 마주 보는 쌍곡선이 나오죠. 이 네 개의 곡선을 '아폴로니우스의 원뿔곡선'이라고 부릅니다.

아폴로니우스는 이 원뿔곡선으로 무려 8권짜리 『원뿔곡선론』이란 책을 썼습니다. 뭐가 그리 할 말이 많았을까요?

저 네 곡선 중 원은 아주 자주 본 거죠. 원을 그리려면 중심과 반지름만 있으면 됩니다. 가장 간단하죠. 그리고 두 번째로 포물선도 본 적이 있을 겁니다. 이차방정식이나 이차함수의 경우 그래프를 그리면 저런 포물선이 나타나지요.

그런데 같은 포물선이라도 날렵한 것도 있고 약간 퍼진 경우도 있습니다. 포물선의 퍼진 정도는 X^2 앞에 붙는 지수에 따라 정해진다고 우리는 생각합니다. 지수가 커질수록 더 뾰족해집니다.

하지만 아폴로니우스의 원뿔을 보면 다른 방식도 가능합니다. 원뿔이 애초에 뾰족하면 포물선도 뾰족하고, 원뿔 경사가 낮으면 포물선도 둔해지죠. 또 포물선을 만들 때 수직축과 이루는 각도

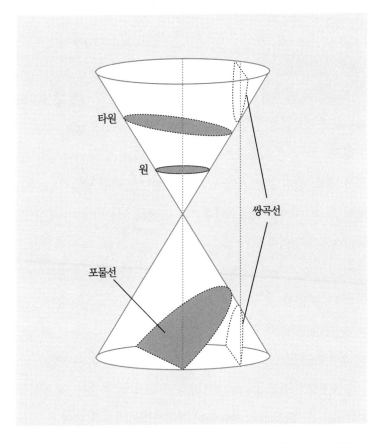

타원

원

쌍곡선

포물선

아폴로니우스의 원뿔곡선.

가 작을수록 뾰족하고, 클수록 둔해집니다. 여기에 어떤 방식으로 자르더라도 포물선의 가운데는 원뿔의 축을 지납니다.

타원과 쌍곡선은 조금 더 복잡해서 긴 축과 짧은 축이 있고 초점이 있고, 중심도 두 개가 있습니다. 현재는 이를 방정식으로 만들어 풀죠. 하지만 아폴로니우스의 원뿔을 이용하면 이 또한 기하학적으로 정리할 수가 있습니다.

이런 이유로 원뿔곡선론이 아주 길어진 것인데 사실 원을 제외한 타원, 포물선, 쌍곡선이란 용어 자체도 아폴로니우스가 만든 겁니다. 물론 당시 아폴로니우스의 연구는 실용적인 것과는 거리가 먼 것이었습니다. 기하학에 대한 순수 수학적 관심일 뿐이었죠.

그럼에도 아폴로니우스의 업적은 고대 그리스 기하학의 정점을 보여 줍니다. 대부분의 사람들이 에우클레이데스가 훨씬 더 유명하다고 말하지만, 수학의 역사에서 보면 그의 『원뿔곡선론』은 에우클레이데스의 『원론』에 버금가는 중요성을 인정받습니다. 그리

고 후대에 천문학과 물리학의 발전에 중요한 기초를 제공했습니다. 약 1,800년 후 케플러가 행성의 궤도가 타원임을 발견하는 데도, 뉴턴의 만유인력 법칙 연구에도 큰 영향을 미쳤습니다.

=3

1234567890

─────────────────── 100=⌐

=35

$\dfrac{1}{4}$

$$ax^2 + bx + c = 0$$

$$x = \dfrac{-b \pm \sqrt{b^2 - 4ac}}{2a}$$

VI

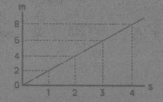

$$\sin^n A = (\sin A)^n$$

$$\log_a N = x$$

2장

수학을 뒤흔든 결정적 장면

인도에서 발명된 '0'의 개념과 더욱 정교하게
발전한 삼각법, 그리고 복소수 개념의 등장은 수학에
혁명적 변화를 가져왔습니다. 이런 수학 개념의
등장이 수학의 발전에 어떤 역할을 했는지
알아보세요

1

수학의 달인 인도인

0의 탄생

0의 발견 또는 발명은 단순한 숫자의 추가가 아니라,
수학적 사고의 혁명적인 변화를 가져옵니다.

고대 이집트와 메소포타미아, 그리스는 유한한 우주관을 가지고 있었습니다. 일종의 닫힌 세계였죠. 반면 고대 인도의 힌두교와 불교에서는 우주를 무한하다고 보았습니다. 시간 또한 순환적이고 무한한 것으로 이해했죠. 이런 배경에서 '무한'에 대한 수학적 탐구가 이루어집니다. 또 인도에서는 숫자 자체가 신성한 의미를 가진다고 보았죠. 그래서 수의 패턴과 관계를 연구하는 것 자체가 종교적 수행으로 여겨졌습니다. 그래서 인도 수학자들은 실용적인 목적이 아니라 수의 본질을 탐구합니다. 음수 개념도 이에 따른 결과였지요. 그 결과 0, 음수 등 수학의 발전에 결정적인 발견이 이루어졌습니다.

브라마굽타의 음수

7세기경 브라마굽타는 당시 인도의 찬드라 왕조의 빈말(Bhinmal)

이라는 도시의 천문학 센터에서 『브
라마스푸타 시단타』를 집필하고 있었
습니다. '브라마스푸타 시단타'는 올
바르게 확립된 브라흐마 원칙들이라

> 브라마굽타와 아리아바타는
> 실제 존재했던 인물이지만
> 이야기는 가상입니다.

는 뜻입니다. 이 책은 천문학 서적으로 총 21장으로 구성되어 있
습니다. 12장과 18장은 수학에 대한 내용입니다.

제자 중 한 명인 아리아바타가 찾아와 질문을 합니다.
"스승님, 빚을 진 사람의 재산을 어떻게 계산해야 할까요?"

브라마굽타는 미소 지으며 대답했습니다.
"좋은 질문이구나. 재산과 빚을 제대로 계산하려면 새로운 개념
이 필요하지. 빚은 '부채'라 부르고, 일반 재산과 구별하기 위해 다
른 기호를 사용하도록 하자."

그는 야자수잎에 쓰기 시작했습니다.

"보통의 재산을 '자산'이라고 하고 점(•)으로 표시하자. '부채'는 원(o)으로 표시하겠다. 자산과 자산을 더하면 더 큰 자산이 되고, 부채와 부채를 더하면 더 큰 부채가 되지. 하지만 자산과 부채를 더하면 달라진다. 자산이 더 크면 자산이 남고, 부채가 더 크면 부채가 남지. 이는 더하지만 사실상 뺀 것과 다르지 않다."

아리아바타는 흥미롭게 들으며 물었습니다.
"그렇다면 자산과 부채를 어떻게 뺄 수 있을까요?"

브라마굽타가 대답했습니다.
"빼기는 조금 더 어렵지만 못 할 건 아니야. 자산에서 부채를 빼는 것은 자산을 더하는 것과 같아. 5의 자산에서 3의 부채를 빼는 것은 5와 3을 더하는 것과 같아서 8이 돼."

이제 이를 식으로 한 번 볼까요? 부채에는 앞에 마이너스(-)기호를 넣습니다. 그럼 자산 100만 원에 부채 20만 원을 더한다면 100+(-20)이 되겠지요. 그럼 답은 80만 원이 됩니다. 또 자산 100만 원에서 부채 20만 원을 뺀다면 100-(-20)이 되어 120만 원이 됩니다. 즉, 부채는 양수가 아닌 음수가 되는 거지요.

7세기 인도의 브라마굽타는 음수 개념을 본격적으로 도입한 최초의 수학자라 할 수 있습니다. 그는 음수를 양수와 동등하게 대응하고 사칙연산에 대한 규칙을 정립합니다.

인도-아라비아 숫자와 자릿값

수메르에서 시작해서 고대 여러 문명이 문자를 이용해 수를 표현하는 방식을 살펴봤는데 사실 모두 사용이 쉽지 않습니다. 큰 수를 다루기에도 불편하고 복잡한 계산을 하는 것도 힘들죠. 이런 숫자들과 비교해 보면, 지금 우리가 쓰는 숫자는 훨씬 사용하기 쉽죠. 이 0부터 9까지의 숫자는 대략 기원후 500년경에 인도에서 시작합니다. 이 숫자 체계는 나중에 아랍 세계를 거쳐 유럽으로 전파되어 '인도-아라비아 숫자'라고 부르죠.

먼저 눈에 띄는 건 열 개의 기호로 모든 수를 표현할 수 있다는 점입니다. 이는 수메르의 60개 기호나 그리스의 27개 문자보다 훨씬 적습니다. 하지만 이집트의 7개 기호나 로마의 7개 문자보다는 조금 많죠. 그래도 이 방법이 좋습니다. 십진법에서 하나, 둘, 셋… 등에 각각 1, 2, 3 이렇게 다른 기호를 부여하는 것이 I, II, III 이렇게 중복시키는 것보다 여러모로 편리하거든요.

더 중요한 것은 앞서 살폈던 자릿값 개념의 완전한 도입입니다. 예를 들어, 425라는 숫자에서 4는 100의 자리, 2는 10의 자리, 5는 1의 자리를 나타냅니다. 이 자릿값 개념 덕분에 우리는 아주 작은 수부터 천문학적으로 큰 수까지 모두 표현할 수 있게 되었습니다. 굳이 10이나 100, 1,000을 나타내는 특별한 기호를 도입할 필요가 없어졌죠.

이전의 수메르나 이집트, 그리스, 로마에서는 25,479 같은 수를 표현하려면 자릿값 개념이 없어서 여러 개의 기호를 반복해서 써야 했습니다. 하지만 인도-아라비아 숫자에서는 단 다섯 개의 숫자로 이 수를 표현할 수 있게 되었죠. 이런 방법으로 편해진 것은 복잡한 계산이 필요한 천문학, 물리학, 공학 등 다양한 분야에도 큰 도움이 되었습니다.

0의 혁명적 역할

하지만 자릿값은 이전 숫자 체계에도 일부나마 도입되었습니다. 인도-아라비아 숫자의 가장 혁명적인 요소는 바로 0의 도입입니다. 0은 단순히 '없음'을 나타내는 것 이상의 의미를 가지죠.

0의 개념은 여러 문명에서 독립적으로 발전했지만, 가장 완전한 형태로 발전시킨 것은 인도였습니다. 기원전 3세기경 바빌로니아에서는 이미 자릿값을 나타내기 위해 빈 공간을 사용했고, 나중에는 이를 두 개의 사선으로 표시하기도 했습니다. 하지만 이는 숫자의 끝을 나타내는 용도로만 사용되었고, 독립적인 숫자로 여겨지지는 않았습니다.

아메리카의 마야 문명도 독자적으로 0의 개념을 발전시킵니다. 기원후 4세기경, 그들은 조개 모양의 기호로 0을 표현했습니다. 이는 우리가 아는 현대적 0과 가장 가까운 초기 형태였다고 할 수

있습니다.

하지만 0을 완전한 숫자로 정의하고 연산 규칙을 제시한 것은 인도의 수학자들이었습니다. 특히 7세기의 수학자 브라마굽타는 0을 독립적인 숫자로 정의하고, 0을 포함한 연산 규칙을 체계화했습니다. 그들은 0을 '순야'(śūnya)라고 불렀는데, 이는 산스크리트어로 '비어 있음'을 의미합니다.

0을 도입하면서 여러 변화가 생깁니다. 앞서 다른 문명에서도 자릿값으로 한 칸을 비워 두는 경우가 있었다고 하는데 이런 경우 101과 11, 1 1의 차이를 알기가 힘듭니다. 자리가 비어 있으니 101인지 아니면 그냥 1과 1인지 혹은 11인지가 구분이 잘 되질 않죠. 하지만 이제 0이 들어와 101과 11, 그리고 1 1은 완전히 구분됩니다. 그리고 0도 곱하고 더하고 빼고가 다 되죠. 다만 0으로 나누는 것만 제외하고요. 이를 통해 수학 계산의 범위가 확연히 넓어집니다. 그리고 0은 앞서 잠깐 봤던 음수, 즉 마이너스 수의 개념이 더 발전하는 계기가 됩니다. 브라마굽타가 음수 개념을 처음 체계적으로 도입한 사람이기도 하고요.

0의 발견 또는 발명은 수학사에서 가장 중요한 사건 중 하나입니다. 이는 단순한 숫자의 추가가 아니라, 수학적 사고의 혁명적인 변화를 가져옵니다. 현대 수학과 과학의 많은 부분이 0의 개념 없이는 불가능했을 것입니다.

자릿값 체계의 완성

인도-아라비아 숫자 체계와 0의 도입으로 자릿값 체계가 완성되었습니다. 이는 수를 표현하고 계산하는 방식에 혁명적인 변화를 가져왔습니다. 더욱이 자릿값 체계는 소수점 이하의 수도 같은 원리로 표현할 수 있게 해 줍니다. 3.14159와 같은 수에서 소수점 왼쪽의 숫자들은 1의 자리, 10의 자리 등을 나타내고, 오른쪽의 숫자들은 0.1의 자리, 0.01의 자리 등을 나타냅니다. 이로써 우리는 아주 작은 수부터 아주 큰 수까지 모두 동일한 체계로 표현할 수 있게 되었습니다.

자릿수 체계의 또 다른 장점은 계산의 용이성입니다. 덧셈, 뺄셈, 곱셈, 나눗셈 등의 연산을 수행할 때 자리별로 계산을 할 수 있어 복잡한 계산도 비교적 쉽게 수행할 수 있게 되었습니다. 이

1	I	21	X X I	41	XL I	61	L X I	81	L X X X I
2	II	22	X X II	42	XL II	62	L X II	82	L X X X II
3	III	23	X X III	43	XL III	63	L X III	83	L X X X III
4	IV	24	X X IV	44	XL IV	64	L X IV	84	L X X X IV
5	V	25	X X V	45	XL V	65	L X V	85	L X X X V
6	VI	26	X X VI	46	XL VI	66	L X VI	86	L X X X VI
7	VII	27	X X VII	47	XL VII	67	L X VII	87	L X X X VII
8	VIII	28	X X VIII	48	XL VIII	68	L X VIII	88	L X X X VIII
9	IX	29	X X IX	49	XL IX	69	L X IX	89	L X X X IX
10	X	30	X X X	50	L	70	L X X	90	XC
11	X I	31	X X X I	51	L I	71	L X X I	91	XC I
12	X II	32	X X X II	52	L II	72	L X X II	92	XC II
13	X III	33	X X X III	53	L III	73	L X X III	93	XC III
14	XIV	34	X X X IV	54	LIV	74	L X X IV	94	XCIV
15	X V	35	X X X V	55	LV	75	L X X V	95	XCV
16	X VI	36	X X X VI	56	LVI	76	L X X VI	96	XCVI
17	X VII	37	X X X VII	57	LVII	77	L X X VII	97	XCVII
18	X VIII	38	X X X VIII	58	LVIII	78	L X X VIII	98	XCVIII
19	XIX	39	X X X IX	59	LIX	79	L X X IX	99	XCIX
20	X X	40	XL	60	L X	80	L X X X	100	C
								1,000	M

로마 숫자와 아라비아 숫자 비교.

는 이전의 어떤 수 체계에서도 불가능했던 일이었죠.

예를 들어, 120에서 27을 빼는 과정을 살펴보죠.

① 우리는 일단 20에서 10을 빌려와 7을 뺍니다. 그럼 10의 자리는 1이 되고, 1의 자리는 10-7이 되어 3이 되죠.

② 10의 자리를 계산하려면, 1에서 2를 빼야 합니다.

③ 다시 100의 자리에서 1을 빌려와 11에서 2를 빼니 9가 남습니다. 그러면 계산 끝. 93이 답이죠.

하지만 로마 숫자로 이를 계산하는 과정은 다음처럼 복잡합니다. 이 또한 세 자리라서 그나마 할 수 있는 거고 숫자가 커질수록 더 어렵죠. 거기다 나눗셈이나 곱셈이 들어가면 제대로 하기가 쉽지 않습니다.

① 120을 로마 숫자로 표현

   CXX(C는 100, XX는 20입니다.)

② 27을 로마 숫자로 표현

   XXVII(XX는 20, VII는 7입니다.)

③ 뺄셈 과정

   CXX - XXVII

   a. CXX에서 XX를 뺍니다. 120에서 20을 빼는 거죠.

   b. 이제 C에서 VII을 빼야 합니다. 하지만 C에서 바로 VII

을 뺄 수 없으니, C를 분해합니다. C는 XCVV(XC는 90, VV는 10)입니다.

       c. 이제 VV에서 VII을 뺍니다.

       VV - VII=III

  ④ 최종 결과: XCIII(XC는 90, III는 3)

  따라서, CXX - XXVII=XCIII(93)

수학이 어려울 때, 이렇게 1,000년 동안 로마 숫자로 계산했을 서양 사람들을 생각하면 조금 위안이 될까요? 서양 사람들도 우리도 인도인들에게 큰 절을 열 번쯤 해야 합니다.

별의 위치를 정하다

삼각법

삼각법은 대수학, 해석학과 결합하여 더 강력한 도구가
되었고, 과학 혁명의 기초가 됩니다. 삼각법은 당시 과학자들이
우주의 비밀을 풀어가는 데 큰 도움을 주었습니다.

오늘 밤에 금성과 목성, 토성이 나란히 뜬다는 뉴스. 하지만 도시에선 보기 힘들죠. 일부러 태백산에 가서 밤하늘을 봅니다. 하지만 수천 개의 별 중 어떤 것인지 알 수 없습니다. 옆에 계신 천문해설사에게 묻습니다. 금성이 어디 있어요? 해설사가 손가락으로 가리키는 곳을 보며 금성, 목성, 토성이 과연 나란히 있는 걸 봅니다.

이걸 기록으로 남기려면 금성의 위치를 어떻게 적어야 할까요? 수학으로 표현하자면 최소한 3가지를 알려 줘야 합니다. 기준점에서 X축으로 얼마 거리, Y축으로 얼마, Z축으로 얼마. 그래야 3차원 공간에서의 위치를 알 수 있지요. 그런데 이런 좌표가 없었던 옛날에는 어떻게 기록을 남길까요?

옛사람들은 하늘이 동그란 공처럼 생겼다고 생각했습니다. 그래서 천구라고 이름을 불렀죠. 천구에서 위치를 정할 때는 지구에서 위치를 정하는 것과 비슷한 방법을 쓰는 것이 편합니다. 가령 서울의 경우 북극과 남극을 기준으로 위도는 북위 37도 34분에 있고, 영국 그리니치 천문대를 기준으로 경도는 동경 126도 58분에 있습니다. 이렇게 기록하면 세계 어디서든 서울의 위치를 알 수 있지요. 이렇게 기준점과 각도를 이용해서 위치를 나타내는 방법을 삼각법이라 합니다.

히파르코스의 현

기원전 2세기, 로도스섬에서 천문학자 히파르코스는 하늘의 움직임, 좀 더 정확히 말하자면 태양과 달의 움직임을 정확히 예측할 필요를 느꼈습니다. 가령 태양은 정오에 가장 높이 솟지만, 그 각도가 매일 조금씩 차이가 있습니다. 달도 모양만 바뀌는 것이 아니라 뜨고 지는 각도에 차이가 있습니다. 이를 정확히 측정하자면 새로운 방법이 필요했습니다. 또 가끔 아침이나 저녁에 태양과 달이 반대쪽에 같이 떠 있는 경우도 있죠. 이때 달과 태양 그리고 지구가 이루는 각도를 재고 싶기도 했죠. 그가 사용한 방법은 현입니다.

옆 그림처럼 원의 중심에서 원으로 선 두 개를 긋습니다. 그리고 원과 만나는 점 두 곳을 잇는 선을 그립니다. 이를 '현'이라 합니다. 활의 줄과 비슷한 모양이라고 붙인 명칭이죠. 히파르코스는 이 현의 길이와 그에 해당하는 중심각 사이의 관계를 연구했습니다.

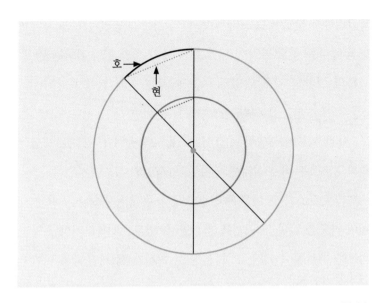

호

현

원의 크기와 상관없이 각도가 같으면 현의 길이와 각도 크기 사이의 비율은 일정합니다.

고대 바빌로니아의 전통을 이은 고대 그리스 천문학자답게 히파르코스는 원을 360도로 나누고, 각 1도마다 해당하는 현의 길이를 계산합니다. 즉, 두 반지름 사이의 각이 1도일 때 현의 길이, 2도일 때 현의 길이, 3도일 때 현의 길이…. 이런 식으로 180도까지 계산을 하지요.

이렇게 계산하고 보니, 원의 크기가 아무리 크든 작든 각도만 같으면 현의 길이와 각도 크기 사이의 비율이 항상 일정하더란 걸 발견하죠. 이렇게 해서 그는 각도와 현 사이의 비율에 대한 상세한 표를 만들었습니다.

그러면서 각도가 60도가 되면 현의 길이와 원의 반지름 길이가 항상 같다는 것도 파악이 되었고, 30도가 되면 현의 길이는 원 반지름의 절반인 것도 알았죠. 90도에서는 현의 길이가 반지름의 $\sqrt{2}$배라는 것도 알아냈고요. 지금으로 치면 사인 30도, 사인 60도, 사인 90도에 해당하는 값이죠. 네, 그렇습니다. 이름도 생소한 히파르코스는 바로 삼각법과 사인, 코사인의 시조인 셈입니다.

히파르코스의 현 이론은 천문학에 아주 유용했습니다. 천체 사이의 각도를 알면 그 거리를 계산할 수 있고, 반대로 거리를 알면 각도를 계산할 수 있었죠. 물론 이는 천체가 세 개일 때의 이야기이지만, 하나는 지구가 되니 나머지 두 개의 천체를 비교하면 됩니다. 히파르코스는 이 현 이론을 가지고 지구와 태양 사이의 거리를 잽니다.

일단 지구와 달의 거리는 월식 때 달에 비친 지구 그림자를 이용해 쟀습니다. 물론 당시 기술 수준 때문에 부정확했지요. 그리고 보름달, 반달, 그믐달 같은 달의 위상 변화를 이용해 달과 태양, 지구 사이의 각을 쟀습니다. 이를 통해서 그가 계산한 지구에서 태양 사이의 거리는 약 380만km였습니다. 물론 우리는 틀린 걸 압니다. 실제로는 평균 1억 4,959만 7,870km입니다. 하지만 측정을 제대로 하기 힘들기 때문이었지, 원리가 틀린 것은 아닙니다.

당시 히파르코스의 연구는 순수한 천문학적 관심에서 비롯된 것이었습니다. 하지만 그의 업적은 그리스 천문학과 수학의 정점을 보여 주며, 이후 발전할 삼각법의 토대를 마련했습니다.

우리는 삼각함수를 처음 배울 때 원을 이용합니다. 하지만 히파르코스의 현 이론을 보면 삼각함수의 기원이 원 안의 현에서 시작되었다는 것을 알 수 있죠. 히파르코스의 원본 저작은 현재 남아 있지 않지만, 그의 업적은 후대 학자들의 저작을 통해 전해지고 있습니다. 특히 프톨레마이오스의 『알마게스트』에 히파르코스의 현이 표로 자세히 기록되어 있어, 그의 업적을 확인할 수 있습니다.

인도의 삼각법

5세기 초, 인도 파트나 지역의 천문대에서 수학자 아리아바타가 각도 측정에 대한 새로운 접근법을 연구하고 있었습니다. 그는 '지야(jya)'라는 개념을 발전시켰죠.

원을 하나 그립니다. 그리고 원의 중심에서 원 위의 한 점까지 선을 긋습니다. 이걸 직각삼각형의 빗변으로 삼습니다. 빗변은 원의 중심부터 원까지로 반지름이지요. 그리고 원의 중심에서 수평으로 다시 반지름을 긋고, 빗변의 꼭짓점에서 아래로 수직으로 긋습니다. 이렇게 원 안에 삼각형을 그리죠. 이렇게 되면 빗변의 꼭지점에서 밑변까지 그어진 변은 현의 딱 절반이 됩니다. 이 반현을 그는 '지야'라 불렀습니다. 오늘날 사인 함수의 원형이죠.

아리아바타는 0도에서 90도까지의 각도에 대한 지야 값을 3.75도 간격으로 계산했습니다. 이 표는 천문학 계산에 매우 유용했죠. 예를 들어, 태양이나 행성의 위치를 더 정확히 예측할 수 있었습니다.

아리아바타는 또한 원주율(π)을 3.1416으로 계산했는데, 이는 당시로서는 매우 정확한 값이었습니다. 그리고 구면삼각법(구체 표면 위의 삼각형을 다루는 수학 분야)의 기초도 마련했죠. 구면삼각형에서 각의 지야 비율과 대응하는 호의 비율 사이의 관계를 발견한 겁니다.

아리아바타 이후, 인도의 삼각법은 계속 발전했습니다. 브라마굽타(598~668)는 '코티-지야(koti-jya)'라는 개념을 도입했는데, 이는 현대의 코사인에 해당합니다. 그는 보간법을 사용해 더 정확한 지야 값을 계산했죠. 가령 사인 15도가 필요하다면 사인 30도와 사인 0도 값의 평균을 구하는 거지요. 조금 더 복잡하게는 각도의 변화가 일어나는 비율이 일정하다고 가정하여 계산하는 방법도 있습니다.

바스카라 2세(1114~1185)는 지야와 코티-지야의 변화율을 연구했는데, 이는 현대 미분 개념의 기초가 되었습니다. 그의 책 『시드한타 시로마니』에는 다양한 삼각함수 공식이 나옵니다. 14세기에 이르러 마디바(1340~1425)는 현대의 탄젠트에 해당하는 개념을 발전시켰습니다.

인도의 이런 연구는 천문학 계산을 정확하게 만들었고, 순수 수학으로서의 삼각법 연구로도 이어졌습니다. 이 성과는 나중에 이슬람 세계를 거쳐 유럽에 전해져 전 세계 수학 발전에 큰 영향을 미쳤죠.

인도의 '지야'는 나중에 아랍어 '자이브(jaib)'로 번역되고, 이게 다시 라틴어 '사인(sine)'이 되어 오늘날까지 사용되고 있습니다. 코티-지야는 지금의 코사인과 같은 개념이지만, 이것은 사인과는 달리 어원이 아닙니다. 코사인의 어원은 라틴어로 '보각의 사인'이라는 complementi sinus에서 유래했죠.

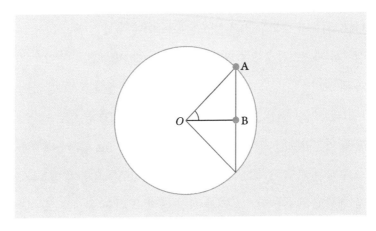

그림에서 선분 AB에 해당하는 것이 인도의 지야, 즉 반현입니다.

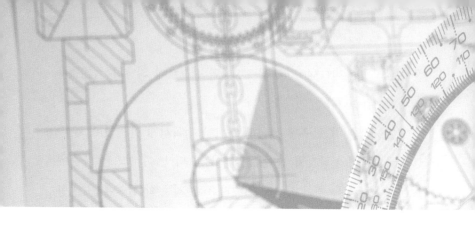

이슬람과 유럽의 삼각법

9세기 초, 이라크 바그다드에 있는 지혜의 집에서 수학자들이 인도와 그리스의 수학 지식을 연구하고 있었습니다. 그리스의 수학 지식은 로마 시대 기독교의 박해를 피해 떠나온 네스토리우스파 사람들에 의해 지금의 튀르키예를 거쳐 바그다드까지 전해집니다. 인도의 수학 지식은 인도양을 사이에 두고 무역을 하는 과정에서 자연스럽게 흡수되었습니다. 이슬람 사람들은 인도의 '지야'와 그리스의 '현' 개념을 결합하고 확장하려 했죠.

그리스에선 원을 360도로 나누고 인도는 21,600분으로 나누었는데 이슬람에선 그리스 방식을 따릅니다. 그리고 삼각법의 비율을 구하는 것도 그리스와 인도가 달랐죠. 인도는 일종의 방정식으로 계산했습니다. 마치 우리가 사인 공식, 코사인 공식을 쓰는 것처럼요. 반면 그리스는 기하학적 방식으로 계산합니다. 여러분이

요즘 청소년을 위한 수학의 결정적 순간

도형 문제를 푸는 것과 비슷한 방식이지요. 이슬람 수학자들은
이 두 방식을 결합하여 0도부터 90도까지 1도 간격으로 자이브
값을 계산했습니다. 이전보다 훨씬 정밀한 표를 만들어 낸 거죠.
이 표는 천문학 계산에 매우 유용했습니다.

페르시아 수학자 아부 알-와파라는 여기서 더 나아가 탄젠트,
코탄젠트, 시컨트, 코시컨트라는 새로운 함수들을 만들었습니다.

탄젠트(tan)는 직각삼각형에서 높이를 밑변 길이로 나눈 값, 코
탄젠트(cot)는 탄젠트의 역수로 밑변을 높이로 나눈 값, 시컨트
(sec)는 빗변을 밑변 길이로 나눈 값, 코시컨트(cosec)는 빗변을 높
이로 나눈 값을 말합니다. 이 함수들은 모두 직각삼각형의 변들의
비율로 정의됩니다. 사인과 코사인만으로도 이 값들을 계산할 수
있지만, 별도의 함수로 정의하면 계산이 더 편리해집니다.

알-비루니는 이런 삼각법을 지구 측정에 응용했습니다. 그는 놀
랍게도 지구의 반지름(약 6,400km)을 오늘날 우리가 아는 값과 거

의 비슷하게 계산해 냅니다.

나시르 알-딘 알-투시는 삼각법을 독립적인 수학 분야로 발전시켰습니다. 그전까지 삼각법은 주로 천문학의 도구로만 여겨졌는데, 알-투시는 삼각법 자체가 연구할 가치가 있는 수학 분야라고 주장했죠. 이슬람 수학자들의 이런 연구 덕분에 삼각법은 크게 발전합니다. 6개의 주요 삼각함수가 모두 정의되고, 구면 삼각법이 완성되었으며, 삼각법은 독립적인 수학 분야로 자리잡았죠.

15세기 중반, 독일 뉘른베르크의 한 수도원에서 수학자 요하네스 뮐러(일명 레기오몬타누스)가 아랍어 수학 서적을 번역하고 있었습니다. 그는 이슬람 학자들이 발전시킨 삼각법에 깊은 인상을 받았죠. 레기오몬타누스는 이를 바탕으로 『삼각법 개요』라는 책을 썼습니다. 이 책은 평면 삼각법과 구면 삼각법을 모두 다룬 유럽 최초의 체계적인 삼각법 서적이었죠. 그는 또 1분(1°의 $\frac{1}{60}$) 간격으로 사인값을 계산한 아주 정확한 표도 만들었습니다.

약 100년 후, 프랑스의 수학자 프랑수아 비에트가 이 연구를 더욱 발전시켰습니다. 그는 삼각함수를 무한급수로 표현하는 방법을 발견했죠. 이렇게 하면 삼각함수 값을 원하는 만큼 정확하게 계산할 수 있게 됩니다. 가령 $\sin(x) = x - \frac{x^3}{3!} + \frac{x^5}{5!} - \frac{x^7}{7!} + \cdots$. 이런 식이지요. 이렇게 무한히 계속되는 숫자의 합을 '무한급수'라고 합니다. 그리고 식에서 3!는 3팩토리얼이라고 읽는데 1부터 그 수까지 다 곱하라는 표시죠. 즉, 3!은 1×2×3이고 5!은 1×2×3×4×5입니다. 이렇게 비에트는 삼각함수를 대수학과 결합하지요.

이렇게 삼각법은 대수학, 해석학과 결합하여 더 강력한 도구가 되었고, 과학 혁명의 기초가 됩니다. 케플러가 "삼각법은 천문학의 열쇠"라고 말할 정도로 삼각법은 당시 과학자들이 우주의 비밀을 풀어가는 데 큰 도움을 주었습니다.

수체계
자연수에서 복소수까지

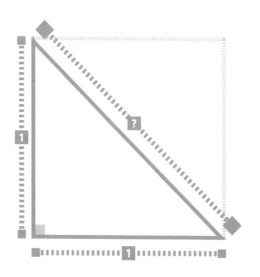

정사각형의 대각선 길이는 유리수로 표현될 수 없다는 결론을 얻었습니다. 무리수를 발견한 것이지요. 이 발견은 피타고라스학파에 큰 충격을 주었습니다.

이집트와 바빌로니아의 분수

기원전 2000년경, 나일강 유역에선 고대 이집트 문명이 번창하고 있었고 티그리스강과 유프라테스강 사이의 비옥한 초승달 지대에서는 바빌로니아 문명이 번영했습니다. 두 문명은 각자의 방식으로 분수의 개념을 발전시켰고, 이는 후에 유리수 개념의 기초가 되었습니다.

가령 이런 식입니다. 이집트에는 매년 같은 시기에 나일강에서 홍수가 일어납니다. 강 주변의 밭이 온통 물에 잠기죠. 물이 빠지고 나면 내 밭, 네 밭의 구분이 사라집니다. 이때 관리들이 홍수전에 측량한 기록을 보면서 다시 밭의 경계를 알려 줍니다.

예를 들면 이런 식이죠. "너의 밭 넓이는 표준 단위의 2와 $\frac{1}{2}$과 $\frac{1}{4}$이다."

이때 분수가 등장합니다. 그런데 이집트인들은 독특한 분수를

사용했습니다. 분자가 1인 분수(단위분수)만을 사용했고, 다른 분수들은 이러한 단위분수들의 합으로 나타냈죠.

예를 들어, $\frac{3}{4}$은 $\frac{1}{2}+\frac{1}{4}$로 표현했습니다.

이집트의 분수 표시는 간단합니다. 아래 그림처럼 가로로 긴 타원을 위에, 아래에 분모의 수를 씁니다. 이렇게 분수를 표시하면 쉬울 듯하지만 복잡한 분수는 그렇지 않습니다. 가령 $\frac{4}{13}$ 같은 분

$\frac{1}{2}$	
$\frac{1}{3}$	
$\frac{1}{4}$	
$\frac{1}{10}$	
$\frac{1}{18}$	

요즘 청소년을 위한 수학의 결정적 순간

수는 어떻게 나타내야 할까요? 답은 $\frac{1}{4} + \frac{1}{18} + \frac{1}{468}$입니다. 어떻게 알 수 있냐고요? 이들은 자주 사용하는 분수들에 대한 분해표가 있었습니다. 『린드 파피루스』 같은 고문서에서 발견했죠.

또 다르게는 직접 계산을 하는데 이렇습니다.

① $\frac{4}{13}$보다 작은 단위분수를 나열해 봅니다. $\frac{1}{2}$은 $\frac{4}{13}$보다 크죠. $\frac{1}{3}$도 $\frac{4}{12}$이니 $\frac{4}{13}$보다 큽니다. $\frac{1}{4}$은 $\frac{3}{12}$이니 $\frac{4}{13}$보다 작습니다. 그럼 이제 $\frac{1}{4}$은 나왔죠.

② 이제 $\frac{4}{13}$에서 $\frac{1}{4}$을 뺍니다. 둘의 공배수는 52죠. $\frac{4}{13}$은 $\frac{16}{52}$이고 $\frac{1}{4}$은 $\frac{13}{52}$, $\frac{16}{52} - \frac{13}{52} = \frac{3}{52}$입니다.

③ 이제 $\frac{3}{52}$보다 작은 단위분수를 다시 구해 봅니다. 찾아 보니 $\frac{1}{18}$이네요. 그리고 다시 $\frac{3}{52}$에서 $\frac{1}{18}$을 뺍니다. 나온 값보다 작은 단위분위를 찾으니 $\frac{1}{468}$이 나오네요.

무지하게 복잡하지요. 만약 우리가 고대 이집트처럼 분수를 다뤘다면…. 생각만 해도 끔찍합니다.

한편, 바빌로니아에서는 60진법으로 분수를 다룹니다. 가령 $\frac{1}{3}$ 은 0;20으로 표현합니다. 이는 $\frac{20}{60}$ 을 의미하는 거죠. 즉, 분모는 항상 60으로 놓고 분자만 써 주면 됩니다.

$\frac{7}{10}$ 은 어떻게 표시할까요? 분모를 60으로 만들어야 하니 분자와 분모에 모두 6을 곱합니다. $\frac{42}{60}$ 이죠. 그럼 0;42로 표현합니다.

그렇다면 $\frac{10}{7}$ 처럼 분모가 60의 약수나 배수가 아니면 어떻게 될까요?

① 일단 가분수니 1과 $\frac{3}{7}$ 꼴로 만듭니다. 그 다음 분자 3에 60을 곱하죠. 그럼 180이 됩니다. 180을 7로 나누면 몫이 25고 나머지가 5가 됩니다. 그러면 여기서 일단 $\frac{25}{60}$ 이 나오죠.

② 나머지 5에 다시 60을 곱합니다. 그럼 300. 이를 다시 7로 나누면 몫은 42, 나머지는 6이 됩니다. 그럼 $1+\frac{25}{60}+\frac{42}{3600}$ 가 되죠. 대부분 여기서 계산을 멈춥니다.

바빌로니아식으로 표현하자면 1;25;42. 나머지 6은 계산하지 않아도 아주 작은 수죠. 굳이 계산한다면 다시 6에 60을 곱하고 7로 나누면 몫이 51이 나오고 나머지 3이 나오죠. 이건 $\frac{51}{216000}$ 이니 정말 작아서 쓸 이유가 없었을 겁니다. 대충 근사치만 계산하는 데도 정말 복잡하지요?

이집트와 바빌로니아의 분수 체계는 각각의 장단점이 있었습니다. 이집트의 분수 시스템은 직관적이었지만, 복잡한 계산에는 불편했습니다. 반면 바빌로니아의 육십진법 분수는 더 정확한 근삿값을 제공했지만, 일상적으로 사용하기에 복잡합니다. 이집트의 『린드 파피루스』와 바빌로니아의 '플림턴 322' 점토판에서 이런 분수 계산의 흔적을 볼 수 있습니다. 이 두 체계는 다시 고대 그리스인들에게 전파됩니다.

수의 신비를 쫓는 피타고라스의 발견

기원전 570년경, 앞서 등장했던 피타고라스가 다시 등장합니다. 그는 이집트와 바빌로니아를 여행하며 그들의 수학 지식을 배웠고, 당연히 그들의 분수도 배웠겠죠. 신기하다고 했을까요? 아니면 정말 어렵다고 했을까요? 어쨌든 그는 기원전 530년경 이탈리아 남부의 크로톤에 정착하여 자신의 학파를 설립했습니다.

기원전 500년경, 피타고라스학파의 한 제자가 흥미로운 발견을 합니다. 그는 한 변의 길이가 1인 정사각형의 대각선 길이를 계산합니다. 피타고라스의 정리, 즉 직각삼각형의 빗변의 제곱은 나머지 두 변의 제곱의 합과 같다는 걸 이용해서 말이지요. 그럼 두 변이 1이니까 제곱해도 1, 더하면 2가 되지요. 따라서 대각선, 즉 빗변 길이의 제곱은 2가 됩니다.

제자는 이렇게 추론했습니다.

"만약 이 길이가 유리수라면, 그것은 서로소(1 이외의 공약수가 없는 두 수)인 두 정수의 비 $\frac{a}{b}$로 표현될 수 있을 것입니다. 쉽게 말해서 분모와 분자가 서로 약분이 되지 않는 분수로 나타낼 수 있다는 거죠. 그렇다면 $\left(\frac{a}{b}\right)^2 = 2$가 성립해야 합니다."

이 식을 전개하면 $a^2 = 2b^2$이 됩니다. 우변에 2가 있으니 a^2은 짝수입니다. 그리고 제곱해서 짝수가 되는 수 a도 당연히 짝수죠. 그래서 a를 $2k$로 치환하면, $(2k)^2 = 2b^2$이므로, $2k^2 = b^2$이 됩니다. 이는

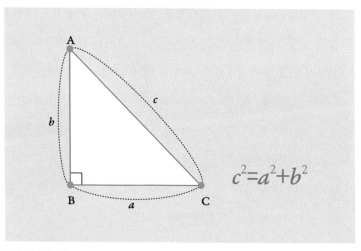

피타고라스의 정리.

다시 b도 짝수임을 의미합니다.

둘 다 짝수라면 2가 공약수가 됩니다. 즉, 약분되지 않는다는 가정과 모순되지요. 따라서 정사각형의 대각선 길이는 유리수로 표현될 수 없다는 결론에 도달하게 됩니다. 무리수를 발견한 것이지요.

이 발견은 피타고라스학파에 큰 충격을 주었습니다. 그들의 세계관을 뒤흔드는 이 사실은 비밀로 유지되었다고 합니다. 전설에 따르면, 이 사실을 외부에 누설한 히파소스라는 제자는 신들의 분노를 샀다는 이유로 바다에 던져졌다고 합니다.

사실 이들은 수학 연구자인 동시에 윤회를 믿는 종교 집단이기도 했습니다. 수가 우주의 신비라 여기고 우주의 본질인 수의 비밀을 풀어 윤회에서 완전히 자유로워지기를 바랐죠. 이들에게 무리수란 마치 사탄이나 악마와 같은 의미로 여겨졌을 수도 있습니다.

그러나 이 발견은 당시에는 실용적인 의미가 거의 없었습니다. 일상생활이나 당시의 과학, 기술에서 $\sqrt{2}$와 같은 무리수를 정확히 다룰 필요성이 없었기 때문입니다. 건축이나 측량에서는 근삿값으로 충분했고, 대부분의 실제 계산에서는 유리수로 표현이 가능한 값만 다뤘습니다.

그래서 그리스인들은 이러한 '측정할 수 없는' 길이를 기하학적으로는 인정했지만, 수로서 받아들이는 것은 꺼렸습니다. 그들에게 있어 진정한 '수'는 여전히 정수와 유리수뿐이었습니다.

이 $\sqrt{2}$의 발견은 당시에는 주로 철학적, 이론적 관심사였습니다. 그리스 수학자들은 이를 통해 수의 본질과 연속성에 대해 깊이 고민하게 되었지만, 실용적인 응용은 거의 없었습니다.

피타고라스와 그의 학파의 이 발견은 구전으로 전해지다가, 기원전 400년경 필로라우스에 의해 처음으로 문서화됩니다. 비록 원본은 남아 있지 않지만, 후대 학자들의 인용을 통해 그 내용을 추정할 수 있습니다.

레오나르도 피보나치의 분수 연구

13세기 초, 이탈리아 피사의 한 상인 집안에서 태어난 레오나르도 피보나치는 어린 시절부터 수학에 대한 깊은 관심을 보였습니다. 그의 아버지는 북아프리카 부기아(현재의 알제리)에서 이탈리아 상인들을 대표하는 외교관 역할을 했는데 이때 피보나치는 아랍 세계의 발전된 수학을 접합니다. 그리고 어른이 된 뒤 다시 아랍 수학을 배우기 위해 지중해 지역 여행을 하고 돌아왔죠.

어느 날 피보나치는 피사의 시장에서 상인들이 분수 계산에 어려움을 겪는 것을 보고 이렇게 생각했습니다. "상인들이 더 쉽게 계산할 수 있는 방법이 있을 거야. 분수를 통분하고 약분하는 체계적인 방법을 만들어 보자."

1202년, 그는 『산반서(Liber Abaci)』를 출판합니다. 이 책에서 그는 유럽에 힌두-아라비아 숫자 체계를 소개했을 뿐만 아니라, 분수에 대한 깊이 있는 연구 결과를 담았습니다.

"$\frac{2}{3}$와 $\frac{3}{5}$를 더하려면, 먼저 공통분모를 찾아야 합니다. 3과 5의 최소공배수는 15입니다. 따라서 $\frac{2}{3}$는 $\frac{10}{15}$으로, $\frac{3}{5}$은 $\frac{9}{15}$로 바꿀 수 있습니다. 이제 $\frac{10}{15} + \frac{9}{15} = \frac{19}{15}$가 됩니다."

그의 책은 수 세기 동안 유럽 전역에서 수학 교과서로 사용되었

고, 그가 소개한 분수 계산법은 상업과 과학 분야에서 널리 활용
되었습니다. 피보나치의 『산반서』는 수백 년 동안 손으로 필사되
어 전해졌고, 15세기에 인쇄술이 발명된 후에는 더 널리 보급되었
습니다. 오늘날 우리가 사용하는 분수 계산법의 많은 부분이 피보
나치의 연구에 기반을 두고 있습니다.

삼차방정식에서 허수 발견

다들 이차방정식의 일반해를 찾는 공식은 알 겁니다. 아래 그림
처럼 생긴 근의 공식입니다. 그런데 루트를 쓴 부분이 0이 되면 해
가 하나고 양수면 근이 두 개, 그리고 0보다 작으면 풀 수 없다고
나오죠. 하지만 사실 풀 수 없는 것이 아니라, 해가 허수가 되는
거지요. 루트 안이 0보다 적은 수를 '허수'라고 하거든요. 중학교

$$ax^2 + bx + c = 0$$
$$x = \frac{\text{-b} \pm \sqrt{b^2 - 4ac}}{2a}$$

이차방정식의 근의 공식.

요즘 청소년을 위한 수학의 결정적 순간

때는 배우지 않고 고등학교 때 배웁니다.

처음 수를 배울 때는 자연수만 배웁니다. 물론 0도 배우고요. 다음으로 분수를 배우고, 다시 음수를 배우죠. 이제 모든 수가 양의 분수와 0, 음의 분수로 이루어졌다고 생각하죠. 이 전체를 유리수라 하고요. 그런데 갑자기 분수로 나타낼 수 없는 수가 나옵니다. 루트를 배우죠. 이를 무리수라 하고요. 무리수와 유리수를 합해서 실수라고 합니다. 여기까지가 중학교 때 우리가 배우는 내용이죠.

하지만 세상에는 또 다른 수가 있으니 바로 허수입니다. 제곱하면 음수가 나오는 거죠. 이 허수와 실수를 합해서 '복소수'라고 합니다. 물론 세상에는 이보다 더 많은 종류의 수가 있습니다. '4원수'라는 것도 있고 '8원수'라는 수도 있습니다. 지금 우리가 알아야 할 필요는 없지요. 어쨌든 허수가 처음 등장한 것은 르네상스 때입니다.

16세기 이탈리아 르네상스 시대, 수학자들 사이에서는 삼차방정식의 일반적인 해법, 즉 삼차방정식의 근의 공식 같은 걸 찾는 것이 큰 도전 과제였습니다. 이 문제의 해결은 니콜로 폰타나(일명 타르탈리아)와 제롤라모 카르다노라는 두 수학자의 극적인 이야기로 이어집니다.

1535년, 이탈리아 북부 브레시아 출신의 수학자 타르탈리아는 삼차방정식 $x^3+px=q$의 해법을 발견했습니다. 그는 이 해법을 비밀로 유지하며, 수학 대회에서 이를 이용해 승리를 거두곤 했습니다. 가장 대표적인 것이 타르탈리아와 안토니오 마리아 피오레 사이에 벌어진 수학적 결투죠. 물론 공식적인 행사 같은 건 아니었고 그저 후원자들이 돈을 걸었죠. 상금보다는 명예와 평판이 걸린 말 그대로 '수학적 결투(mathematical duels)'였습니다. 여기에서 이긴 타르탈리아는 자신이 발견한 해법을 절대 아무에게도 알려 주지 않았지요.

밀라노의 의사이자 수학자인 카르다노는 타르탈리아의 명성을 듣고 그의 해법에 관심을 가졌습니다. 1539년, 카르다노는 타르탈리아를 설득하여 그 비밀을 공유받았지만, 이를 공개하지 않겠다고 약속했습니다.

그러나 카르다노는 이 해법을 연구하면서 더 일반적인 삼차방정식 $x^3+px^2+qx+r=0$의 해법으로 확장했습니다. 그리고 1545년 이 해법을 자신의 책 『위대한 기예(Ars Magna)』에 발표했습니다. 카르다노는 책에서 이렇게 설명했습니다.

"삼차방정식의 해는 제곱근과 세제곱근의 조합으로 표현될 수 있다. 예를 들어, $x^3=15x+4$의 해는 4와 함께 $2\pm i\sqrt{3}$이다."

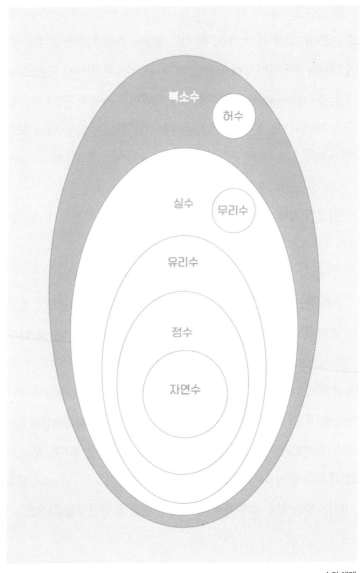

복소수

허수

실수

무리수

유리수

정수

자연수

수의 체계.

이 방법은 대단히 획기적이었습니다. 이제 어떤 삼차방정식이든 모두 풀 수 있게 된 것이죠. 하지만 새로운 문제가 등장합니다. 위의 답처럼 i가 나타나기 때문입니다. i는 제곱하면 −1이 되는 수입니다. 우리가 아는 모든 실수는 0을 제외하곤 제곱하면 양수가 됩니다. 따라서 i는 실수가 아닌 것이죠. 카르다노는 이에 대해 고민했습니다.

"이것은 정말 기이하군. 실제 해는 4이지만, 그 과정에서 이상한 수가 나타나다니."

물론 카르다노가 처음 허수를 발견한 건 아닙니다. 앞서 살펴봤던 인도의 수학자들이 이미 약 1,000년 전부터 이런 개념을 다루었거든요. 이들은 음수의 제곱근을 다루는 문제를 연구하며 '음수의 뿌리'라고 하지만, 허수에 대해 체계적인 이론을 연구하거나 이해를 한 건 아니었습니다. 카르다노도 허수를 다시 발견하긴 했지만 긴가민가한 상황이었죠. 그러나 1572년에 봄벨리가 복소수의 대수적 규칙을 체계화했습니다. 그리고 18~19세기에 걸쳐 오일러나 가우스 같은 수학자들이 복소수 이론을 발전시켰습니다.

오일러의 복소수
18세기

18세기 스위스 출신의 천재 수학자 레온하르트 오일러는 복소수 이론에 획기적인 발전을 가져왔습니다. 그의 연구는 이전까지 '상상의 수'로 여겨지던 복소수에 실제적인 의미를 부여했죠.

1748년, 오일러는 그의 책 『무한 해석 입문』에서 자연로그의 밑인 e와 허수 단위 i, 그리고 원주율 π를 연결하는 놀라운 공식을 발표했습니다. 오일러는 이렇게 설명했습니다.

"$e^{i\pi}+1=0$. 이 공식은 수학에서 가장 중요한 다섯 개의 상수를 하나로 연결한다. 마치 우주의 비밀을 밝히는 것 같은 느낌이다."

e는 무리수로, 뒤에 나올 로그에서 특히 자연로그의 밑으로 중요한 역할을 합니다. i는 제곱하면 -1이 되는 허수이면서, 허수의 기본 단위입니다. π는 다들 아시는 것처럼 원주율이죠. 여기에 실수인 1과 0이 있습니다. 0은 실수든 허수든 모두 곱하면 0이 되고, 더하면 자기 자신이 되는 특별한 수이기도 합니다.

여기에 최초의 수인 1과 없음을 뜻하는 0이 연결되어 식을 이룹니다. 이 공식은 너무나 아름답고 신비로워서 '수학의 오일러 정체

성'이라고 불리게 됩니다. 그리 아름답지 않다고요? 네, 수학을 엄청나게 좋아하는 사람들에게 아름답게 느껴지는 거지요.

이 공식은 아래의 그림처럼 일종의 원을 나타냅니다. 식이 다르다고요? 이 그림의 식과 $e^{i\pi}+1=0$이라는 식은 사실 같은 식입니다. 아래 그림 식의 θ에 π를 대입합니다. $\cos(\pi)=-1$, $\sin(\pi)=0$이죠. 그러면 위의 식이 됩니다. 그런데 아래 그림에서 $\cos(\theta)$는 삼각형의 빗변 분의 아랫변이고 $i\sin(\theta)$는 빗변 분의 높이가 됩니다. 그런데 빗변은 지금 1이죠. 원의 반지름이 1이니까요. 그래서 $\cos(\theta)$는 밑

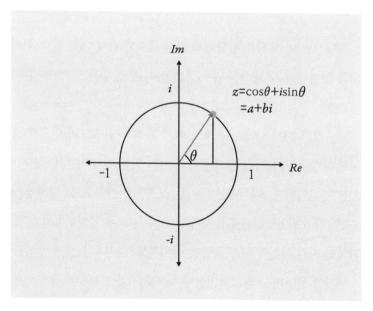

오일러의 공식과 복소평면.

변의 길이, $i\sin(\theta)$는 높이가 됩니다. 즉, 저 식은 코사인값과 사인값의 합이 $e^{i\pi}$가 된다는 거지요. 옆 페이지의 그래프를 '복소평면'이라고 합니다. 가로축은 실수이고, 세로축은 허수를 의미하죠.

오일러는 이를 통해서 실수와 허수를 총괄하는 복소수를 하나의 평면에 모두 나타냅니다. 이렇게 하면 복소수의 덧셈과 곱셈을 기하학적으로 이해할 수 있습니다. 옆 페이지 그림에서 y축은 허수고, x축은 실수입니다. 복소수의 곱셈은 평면에서의 회전과 확대로 나타날 수 있습니다. 가령 곱셈을 하면 원의 한 지점에서 다른 지점으로 이동할 수 있습니다. 또 다른 방식의 곱셈은 원의 반지름을 확대하거나 축소한 것으로 나타나지요.

복소수 이론의 발전은 수학뿐만 아니라 물리학, 공학 등 다양한 분야에 큰 영향을 미쳤습니다. 더 자세한 이야기는 함수 편에서 다루도록 하겠습니다.

=3

1234567890

100=

=35

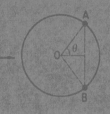

$\dfrac{1}{4}$

$$ax^2 + bx + c = 0$$

$$x = \frac{-b \pm \sqrt{b^2 - 4ac}}{2a}$$

VI

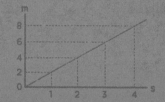

3장

현대 문명을 움직이는 수학 개념

현대 문명의 꽃인 스마트폰, 인터넷, GPS는 수학에
기반합니다. 확률, 미적분, 좌표계 같은 개념은
기술 발전의 핵심에 위치하고 있습니다. 수학이
현대 문명을 어떻게 움직이고 있는지
알아봅시다.

1

제곱에 제곱을 더하면

로그와 지수

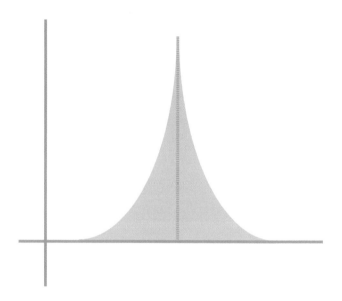

지수함수와 로그함수는 우리 일상 속 다양한 현상을
이해하고 표현하는 데 큰 도움을 줍니다

고대와 중세의 거듭제곱

인류는 아주 오래전부터 어설프게나마 거듭제곱의 개념을 알고 있었습니다. 가령 기원전 2000년경, 바빌로니아에서 곡물 저장고를 관리하던 서기관이 어느 날 흥미로운 패턴을 발견했다고 합시다.

서기관은 중얼거렸습니다.

"이상하군. 매년 곡물의 양이 두 배로 늘어나고 있어. 1년째에는 100자루, 2년째에는 200자루, 3년째에는 400자루, 4년째에는 800자루구나."

그는 점토판에 다음과 같이 기록합니다.

1년: 100=100

2년: 100×2=200

3년: 100×2×2=400

4년: 100×2×2×2=800

이렇게 계산해 나가다 보니, 10년 후에는 2를 열 번 곱한 값, 즉 2의 10제곱인 1,024×100자루가 되는 겁니다. 이것이 거듭제곱의 초기 형태였습니다. 서기관은 모르는 사이에 지수 개념의 기초를 알게 된 것입니다.

시간이 흘러 7~9세기, 인도의 수학자들은 거듭제곱에 대해 더 깊이 연구했습니다. 그들은 숫자들 사이의 흥미로운 관계를 발견했습니다. 2의 세제곱과 2의 네제곱을 곱하면 2의 일곱제곱이 되는 것입니다. 그들은 이것이 우연이 아니라고 여기고 다양하게 곱셈을 하며 밑이 2가 아니라 무엇이든 이런 관계가 성립한다는 걸 발견했습니다. $a^m × a^n = a^{(m+n)}$ 거듭제곱의 곱셈 법칙이죠. 이 발견은 후에 로그 발전의 중요한 기초가 되었습니다.

중세 시대를 거치며 이 법칙은 아랍 세계로 전해졌고, 더욱 발전했습니다. 특히 14세기 말, 사마르칸트의 수학자 알카시는 매우 큰 지수의 계산을 효율적으로 하는 방법을 개발했습니다. 알카시가 개발한 방법은 '이진 거듭제곱법' 또는 '제곱 알고리즘'으로 알

려져 있습니다. 이 방법은 매우 큰 지수의 거듭제곱을 효율적으로 계산하는 데 사용됩니다. 이 방법의 핵심 아이디어는 다음과 같습니다.

가령 5^{13}을 계산한다고 할 때,
① 우선 지수에서 2의 거듭제곱 중 가장 큰 수를 뺍니다.
13-8=5
② 남은 지수에서 다시 2의 거듭제곱 중 가장 큰 수를 뺍니다.
5-4=1
③ 이제 5^{13}은 $5^8 \times 5^4 \times 5^1$이 됩니다. 각각의 거듭제곱을 계산한 뒤 셋을 곱하면 5^{13}을 직접 계산한 것과 같게 됩니다.

이 방법을 사용하면 5를 13번 곱하는 대신 3번의 곱셈으로 결과를 얻을 수 있습니다. 큰 수의 경우 이 차이는 더욱 두드러집니다. 예를 들어 5^{1000}을 계산해야 한다면, 일반적인 방법으로는 999번의 곱셈이 필요하지만, 이 방법을 사용하면 약 10번의 곱셈만으로 결과를 얻을 수 있습니다. 이 알고리즘은 현대 컴퓨터에서도 큰 수의 거듭제곱을 계산할 때 널리 사용되며, 특히 암호화 알고리즘에서 중요하게 활용됩니다.

그런데 여기서 잠깐, 다른 수학 분야에서는 약방의 감초처럼 등장하던 고대 그리스가 이 분야에선 나타나지 않습니다. 실제 한일이 별로 없습니다. 이는 그들의 수학적 관심사와 접근 방식이 달랐기 때문입니다. 그리스 수학자들은 주로 기하학에 집중했습니다. 에우클레이데스의 『원론』이 대표적인 예로, 기하학적 증명과 작도에 중점을 두었습니다. 또 그리스인들은 서로 떨어져 있는 수보다는 연속적인 양(길이, 면적, 부피)을 다루는 것을 선호했습니다. 이는 거듭제곱이나 지수 개념의 발전을 가로막았습니다. 그래서 그리스 수학에는 현대적 의미의 대수학이 발달하지 않았습니다. 방정식을 기하학적으로 해결하려는 경향이 있었죠.

플라톤은 자신의 아카데미아 입구에 이런 말을 썼습니다.

"기하학을 모르는 자는 이 문으로 들어오지 말라."

여러 가지 이유가 있지만 이들은 이론적 증명과 실용적 계산을 분리했고, 계산을 낮은 차원의 활동으로 여겼기 때문입니다. 또 앞서 본 것처럼 계산하기에 적절한 수학 기호가 없었던 것도 이유 중 하나일 겁니다.

로그의 발명과 발전

16세기 말, 계산은 천문학자들에게 큰 골칫거리였습니다. 복잡한 곱셈과 나눗셈이 그들의 시간을 잡아먹고 있었죠. 이런 문제를 해결하기 위해 스코틀랜드의 수학자 존 네이피어가 나섰습니다. 1614년, 네이피어는 『기적의 계산식(Mirifici Logarithmorum Canonis Descriptio)』이라는 책을 출판했습니다. 이것이 로그의 등장입니다.

로그의 기본 개념은 지수의 역함수입니다. 예를 들어, $2^3=8$이라면, $\log_2 8=3$입니다. 즉, "2의 몇 제곱이 8이 되는가?"라는 질문의 답이 3이라는 뜻입니다. 이 관계를 이용하면 곱셈을 덧셈으로 바꿀 수 있습니다.

예를 들어, 8×16을 계산한다고 가정해 봅시다.

$\log_2 8=3$이고 $\log_2 16=4$입니다.

$\log_2(8\times16)=\log_2 8+\log_2 16=3+4=7$

따라서 $8\times16=2^7=128$

이 방법을 사용하면 곱셈을 덧셈으로, 나눗셈을 뺄셈으로 바꿀 수 있습니다. 이는 복잡한 계산을 훨씬 쉽게 만듭니다. 별로 쉬워 보이지 않는다고요? 로그에 익숙해지면, 그리고 아주 큰 수를 계산해야 한다면 이 방식이 혁명적으로 쉽다는 걸 느낄 수 있습니다. 네이피어는 이 새로운 개념을 '로가리듬'이라고 불렀습니다.

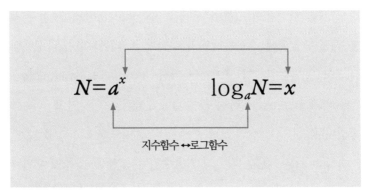

$$N=a^x \qquad \log_a N=x$$

지수함수 ↔로그함수

지수함수와 로그함수와의 관계.

네이피어의 동료 헨리 브리그스는 이 아이디어를 더욱 발전시킵니다. 그는 10을 밑으로 하는 로그를 제안했는데 오늘날 우리가 사용하는 상용로그입니다. 이는 계산을 더욱 단순하게 만듭니다.

예를 들어, log(100)=2, log(1000)=3과 같은 간단한 관계를 만들어 내죠. 물론 log7 같은 수는 쉽게 계산할 수 없지만 브리그스는 여러 해에 걸쳐 1부터 2만까지, 수에 대한 14자리 상용로그표를 계산해서 제공했으니, 그의 표를 보기만 하면 알 수 있습니다. 로그는 즉시 대성공을 거두었습니다. 천문학자, 항해사, 엔지니어들이 이 새로운 도구를 열광적으로 받아들였습니다.

18세기에 이르러 스위스의 천재 수학자 레온하르트 오일러가 로그의 개념을 더욱 깊이 있게 발전시켰습니다. 그는 무리수인 자연상수 e(약 2.71828)를 도입하고, 이를 밑으로 하는 로그를 자연로그(lnX)라고 명명했습니다. 그는 지수함수 e^x와 그의 역함수인 $ln(x)$의 놀라운 성질을 발견했습니다. 이 함수들은 미분할 때 형태가 거의 변하지 않아, 미적분학에서 핵심적인 역할을 합니다. 여러분도 고등학교에서 미적분을 배우면 자연로그의 엄청난 위력을 느낄 수 있을 겁니다.

현대의 로그와 지수

1800년~현재

19세기 이후, 지수와 로그를 이용한 함수는 우리 일상생활에서도 중요한 역할을 하게 됩니다. 지수함수는 $y=a^x$ 형태의 함수를 말합니다. 여기서 a는 0보다 큰 상수이며, 밑(base)이라고 부르죠. 가장 흔히 사용되는 밑은 자연상수 e(약 2.718)와 10입니다. 지수함수의 특징은 x의 값이 일정하게 증가할 때 y의 값이 점점 더 빠르게 증가한다는 것입니다. 즉, y값의 변화가 점점 더 커질 때 그래프로 그리거나 계산할 때 유용합니다.

로그함수는 지수함수의 역함수입니다. $y=\log_a x$로 표현되며, 이는 $a^y=x$와 같은 의미입니다. 로그함수에서 가장 많이 사용되는 것은 자연로그함수와 상용로그함수입니다. 로그함수의 특징은 x의 값이 매우 크게 변할 때 y의 값은 상대적으로 작게 변한다는 것입니다. 이 때문에 로그함수는 넓은 범위의 값을 다룰 때 유용합니다.

지수함수의 사례

지수함수의 첫 번째 예로 유튜브 채널의 성장을 들 수 있습니다. 성공적인 유튜브 채널의 구독자 수 증가 패턴은 종종 지수함수와 비슷한 모양을 그립니다. 처음에는 구독자 수가 천천히 늘어납니다. 예를 들어, 처음 몇 개월 동안은 한 달에 10명, 다음 몇 개월에는 100명, 다음 몇 개월에는 1,000명씩 늘어나는 식이죠. 그러다 어느 순간부터 구독자 수가 급격히 증가하기 시작하여, 하루에 1,000명 이상씩 느는 모습을 보이죠.

이런 급격한 성장은 채널의 인기가 높아지면서 더 많은 사람들에게 노출되고, 그로 인해 더 많은 구독자를 얻게 되는 선순환 때문입니다. 이는 마치 눈덩이가 굴러가며 점점 더 빠르게 커지는 것과 비슷합니다. 이러한 성장 패턴은 지수함수와 비슷합니다. 가령 $y=100 \times 2^x$라는 지수함수에서 지수 x가 개월 수라고 생각하죠. 1개월째에는 200명, 2개월째에는 400명, 3개월째에는 800명, 10개월째는 10만 3,400명이 구독하는 식이 되죠.

지수함수의 또 다른 예로 세균의 증식을 들 수 있습니다. 적당한 환경에서 세균은 20분마다 둘로 분열합니다. 처음에 1개의 세균으로 시작했다고 가정하면, 20분 후에는 2개, 40분 후에는 4개, 1시간 후에는 8개로 증가합니다. 이런 증가 패턴은 시간 t에 대해 $y=2^{(t/20)}$이라는 지수함수로 표현할 수 있습니다. 이 경우 세균의 수는 시간이 지날수록 증가하는 폭이 더 커져 10시간 후에는 약 100만 마리의 세균이 됩니다.

반면, 로그함수는 이렇게 지수적으로 증가하는 값을 다루기 쉽

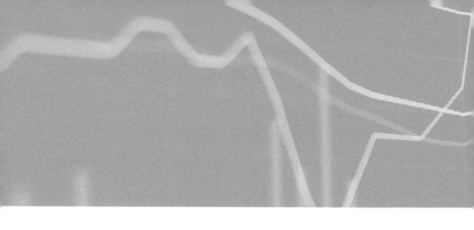

게 변환합니다. 앞서 살펴본 세균의 증식을 보면 처음에는 2마리, 4마리로 늘어났습니다. 이러다가 10시간 후에는 100만 마리가 되는데 이를 하나의 그래프로 그리려면 상당히 힘들죠. 이를 하나의 그래프로 그리거나 표현하는 데는 로그만 한 것이 없습니다.

가령 log10=1, log100=2, log1000=3, log10000000000=10입니다. 10과 100, 10,000,000,000을 한 그래프 안에 그리는 건 불가능에 가깝죠. 단위로 나타낼 때도 10과 1억이라면 힘들죠. 하지만 이를 로그로 바꾸면 1~10으로 나타낼 수 있으니 확실히 간편합니다.

지진의 강도를 나타내는 리히터 규모가 대표적인 예입니다. 리히터 규모는 로그 스케일을 사용하는데, 규모 3과 규모 4는 1 차이로 보이지만, 실제 에너지는 10배나 차이가 납니다. 규모 7의 지진은 규모 6의 지진보다 30배나 더 강합니다. 이는 리히터 규모가 지진 에너지의 상용로그에 기반을 두고 있기 때문입니다.

우리 주변의 소리의 크기를 나타내는 데시벨(dB)도 로그함수를

요즘 청소년을 위한 수학의 결정적 순간

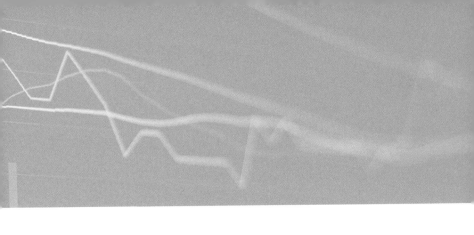

사용합니다. 데시벨은 소리 강도의 상용로그에 10을 곱한 값입니다. 일상적인 대화 소리가 약 60dB이라면 70dB은 실제로는 10배 더 큰 소리입니다. 콘서트장의 소리는 보통 100dB을 넘는데, 이는 일상적인 대화 소리의 1만 배나 되는 큰 소리입니다. 하지만 로그함수 덕분에 이런 큰 차이도 쉽게 숫자로 표현할 수 있습니다.

이처럼 지수함수와 로그함수는 우리 일상 속 다양한 현상을 이해하고 표현하는 데 큰 도움을 주는 것은 물론 물리학이나 화학 등 다양한 과학 분야와 전자공학, 기계공학 등 공학 분야에서도 필수적으로 쓰이고 있습니다.

도박에서 컴퓨터까지

확률론의 탄생과 전개

날씨 예보부터 보험, 암호 해독, 그리고 첨단 과학에 이르기까지 확률은 우리가 불확실한 세상을 이해하고 대처하는 데 핵심적인 도구가 되었습니다.

%

도박에서 시작된 확률
1654~1700

　17세기 중반, 프랑스 파리에서 확률이라는 새로운 수학 분야가 탄생하는데 계기는 도박이었습니다. 당시 유명한 도박꾼 앙투안 공바우드 드 메레는 도박 문제로 고민하고 있었습니다. 6이 나오면 이기는 도박에서 주사위를 4번 던져서 적어도 한 번 6이 나올 확률이 얼마나 되냐는 문제였죠. 혼자 끙끙대도 풀리지 않자, 그는 수학자 블레즈 파스칼에게 묻습니다.

　파스칼도 흥미를 느꼈지만, 혼자 해결하기 어려웠죠. 그는 친구이자 뛰어난 수학자인 피에르 드 페르마에게 편지를 보냈습니다. 두 수학자는 편지를 주고받으며 열심히 토론했고 이 과정에서 확률의 기본 원리들을 발견합니다.

　파스칼은 6이 나오지 않을 확률을 먼저 계산하고, 이를 전체 경우에서 빼는 방법을 제안했습니다. 4번 던져서 6이 한 번도 안 나올 확률은 어떻게 될까요? 일단 한 번 던졌을 때 6이 나오지 않을 확률은 1, 2, 3, 4, 5가 나오는 경우이니 $\frac{5}{6}$입니다. 네 번 연속 이런 일이 일어나니 $\frac{5}{6}$을 네 번 곱하면 되지요. 즉, $\left(\frac{5}{6}\right)^4$입니다. 그래서 6이 적어도 한 번 나올 확률은 $1-\left(\frac{5}{6}\right)^4$이 된다고 설명합니다.

페르마는 모든 가능한 경우의 수를 세어 보자고 제안했습니다. 4번 던져서 나올 수 있는 모든 경우 중 6이 적어도 한 번 나오는 경우를 세면 된다고 했습니다.

이러면 조금 계산이 귀찮아지긴 합니다. 6이 한 번 나오는 경우의 수는 4이고, 두 번 나오는 경우는 6, 세 번 나오는 경우는 4, 네 번 나오는 경우는 1이 됩니다. 총 합하면 15번이죠. 전체 경우의 수는 6을 네 번 곱하면 되니 1,296입니다. 두 방법 모두 같은 결과를 냈고, 이는 약 0.01157 또는 1.157%였습니다.

이 문제를 계기로 파스칼과 페르마는 확률의 덧셈법칙, 곱셈법

주사위를 네 번 던져서 6이 나올 수 있는 경우의 수	
한 번	4
두 번	6
세 번	4
네 번	1

칙 등 기본 원리들을 발견했습니다. 그들의 연구는 금세 소문이 났고, 다른 수학자들도 이 새로운 분야에 관심을 가지게 되었죠.

네덜란드의 수학자 크리스티안 하위헌스는 이 아이디어를 발전시켜 1657년에 최초의 확률론 교과서 『운에 관한 계산』을 출판했습니다. 하위헌스는 책에서 도박은 위험하지만, 그 속에 숨은 수학적 원리는 매우 흥미롭다고 말했습니다. 이를 통해 불확실한 상황을 이해하고 예측할 수 있게 되었다고 설명했습니다.

확률의 법칙을 발견하다
1700~1800

18세기에 들어서면서 수학자들은 확률에 대해 더 깊이 연구하기 시작했습니다. 그중에서도 스위스의 수학자 야콥 베르누이는 '큰 수의 법칙'이라는 중요한 발견을 했습니다. 그는 동전을 던지면 앞면이 나올 확률이 $\frac{1}{2}$이지만, 실제로 100번 던지면 정확히 50번 앞면이 나오는 경우는 드물다는 점에 주목했습니다. 몇 번을 던져야 이론적 확률에 가까워지는지 살펴보았습니다.

베르누이는 이 문제를 수학적으로 분석하기 시작했습니다. 그는 동전을 더 많이 던질수록 실제 결과가 이론적 확률에 가까워진다는 사실을 발견했습니다. 그는 동전을 1,000번 던지면, 앞면

이 나오는 비율이 대략 50%에 가까울 확률이 매우 높아진다는 것을 발견했습니다. 이것이 바로 '큰 수의 법칙'입니다. '큰 수의 법칙'의 원래 정의는 '표본의 크기가 커질수록 표본 평균이 모집단의 평균에 가까워지는 현상'입니다.

쉽게 말해서 여론 조사를 할 때 우리나라 국민 모두를 조사하지 않아도 표본을 1,000명 이상 추출해서 조사를 하면 전체 국민 여론과 비슷해진다는 것이죠. 이를 응용한 예 중 하나가 앞의 동전 던지기처럼, 이론적인 확률이 있을 때 실제로 많이 실행하면 이론적 확률과 실제 확률이 거의 같아진다는 것이죠. 베르누이는 이 법칙을 수학적으로 증명했고, 이는 확률론의 기초가 되었습니다.

한 학생이 베르누이에게 개인의 운명도 예측할 수 있는지 물었습니다. 베르누이는 이렇게 대답했습니다.

"개인의 운명을 정확히 예측하기는 어렵지만, 많은 사람의 행동

은 어느 정도 예측할 수 있다."

예를 들어 내년에 누가 결혼하는지는 알 수 없지만, 결혼할 사람의 수는 예측할 수 있다는 거죠.

18세기 후반, 프랑스의 수학자 라플라스는 이전 수학자들의 연구를 종합하고 확률론을 체계적으로 만듭니다. 그는 이를 이용해 천체의 운동을 분석하고, 인구 통계를 연구했습니다. 그는 "확률이야말로 우리의 무지를 측정하는 도구이다"라고 말했습니다. 만약 인간이 모든 것을 알 수 있다면 확률이 필요가 없지만 그렇지 않기에 확률이 중요하다는 것이죠. 앞서 든 예로 말하자면 내년에 누가 결혼할지를 모두 안다면 확률은 필요가 없습니다. 하지만 누가 결혼할지를 모두 알 수 없기에 내년에 몇 명 정도가 결혼하는지에 대한 확률이 필요한 것이죠.

확률로 세상 이해하기

1820년대, 벨기에의 통계학자인 아돌프 케틀레는 인구 조사 데이터를 분석하면서 놀라운 발견을 합니다. 매년 태어나는 남자아이와 여자아이의 비율이 거의 일정하고, 범죄율도 해마다 비슷한 패턴을 보이더란 거죠. 그는 사회적 현상들이 확률을 따르는 것을 깨닫고 이를 '사회물리학'이라고 부릅니다.

1865년, 오스트리아의 수도사 그레고어 멘델은 완두콩 실험을 통해 유전의 법칙을 발견합니다. 그는 확률을 이용해 유전 형질의 분리비를 정확히 예측했습니다. 멘델은 노란 완두와 초록 완두를 교배하면, 그 자손에서 노란 완두와 초록 완두가 3:1의 비율로 나타난다고 설명했습니다. 그는 이를 동전을 두 번 던지는 것과 같은 확률 과정이라고 비유했습니다. 또한 물리학자들은 기체 분자의 운동을 설명하는 데 확률을 사용했고, 이는 통계역학이라는 새로운 분야를 탄생시켰습니다.

1901년, 영국의 기상학자 루이스 리처드슨은 날씨 예보에 수학적 모델을 도입하려고 노력했습니다. 그는 대기의 움직임을 방정식으로 표현하고, 이를 바탕으로 미래의 날씨를 예측하고자 했습니다. 리처드슨은 날씨가 복잡해 보이지만 수학적 법칙을 따르고 있으며, 이를 정확히 계산할 수 있다면 미래의 날씨를 예측할 수 있다고 말했습니다. 확률은 단순한 수학 이론에서 벗어나 자연과 사회를 이해하는 핵심적인 도구로 발전했습니다.

1940년대에는 확률이 전쟁에서도 중요한 역할을 했습니다. 영국의 암호 해독가 앨런 튜링은 확률 이론을 이용해 독일의 암호를 해독했습니다. 튜링은 독일어의 특정 글자와 단어가 나타나는 빈도를 분석하면 암호를 더 빨리 해독할 수 있다고 동료들에게 설명했습니다.

이 시기에 확률은 과학 연구에서도 필수적인 도구가 되었습니다. 물리학자들은 양자역학을 발전시키면서 확률을 핵심 개념으로 사용했습니다. 물리학자들은 원자 세계에서는 모든 것이 확률로 이루어져 있으며, 전자의 위치나 입자의 움직임을 정확히 알 수는 없지만 그 확률은 계산할 수 있다고 설명했습니다.

이렇게 날씨 예보부터 보험, 암호 해독, 그리고 첨단 과학에 이르기까지 확률은 우리가 불확실한 세상을 이해하고 대처하는 데 핵심적인 도구가 되었습니다.

컴퓨터와 만난 확률

1950년대 컴퓨터의 등장과 함께 확률은 새로운 시대를 맞이하게 됩니다. 컴퓨터는 확률을 위한 수없이 많은 반복 계산에 아주 탁월한 능력을 보여 주죠.

1954년, 미국의 수학자 니콜라스 메트로폴리스는 '몬테카를로 방법'이라는 새로운 확률적 계산 방식을 제안했습니다. 예를 들어 설명하자면 이렇습니다. 종이에 원을 그린 뒤 눈을 감고 무작위로 점을 찍습니다. 그리고 원 안의 점과 원 밖의 점 개수를 비교하는 거지요. 이를 이용해서 종이 면적 중 원이 차지하는 면적을 추측하는 겁니다. 한 번으로는 부정확하지만 여러 번 되풀이하면 점의 비율이 면적 비율과 비슷하게 되지요.

그런데 이 방법은 계산을 아주 많이 반복해야 합니다. 사람이 직접 하면 아주 고된 일이지요. 그러나 컴퓨터에 맡기면 쉽게 문제를 풀 수 있습니다. 이 방법을 사용하면 복잡한 문제도 무작위 숫자를 이용해 근사적으로 해결할 수 있죠. 몬테카를로 방법은 물리학의 입자 운동 예측에서부터 금융의 리스크 분석까지 다양하게 활용됩니다.

요즘 청소년을 위한 수학의 결정적 순간

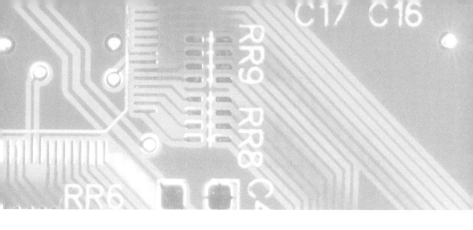

1970년대에 컴퓨터 게임이 등장하는데 여기에도 확률이 중요한 역할을 합니다. 한 게임 개발자는 주사위를 굴리는 것부터 몬스터가 나타날 확률까지, 게임의 재미는 적절한 확률 설정에 달려 있다고 말합니다.

가령 3×3 퍼즐 게임의 경우 미션을 클리어할 때까지 허용된 조작 횟수가 정해져 있죠. 이 경우 조작 횟수가 줄어들면 줄어들수록 성공 확률이 낮아집니다. 따라서 횟수를 적절하게 정하여 난이도를 조절할 수 있지요. 또 디펜스 게임의 경우 몰려드는 적들의 수나 체력치, 공격력에 의해 이를 방어할 수 있는 확률이 정해집니다. 또 파밍을 할 경우 강한 몬스터가 나타날 확률에 따라 지루할 수도, 너무 힘들 수도 있지요.

1980년대에는 확률 모델을 이용한 금융 상품이 등장했습니다. 미래의 불확실성을 수학적으로 계산할 수 있게 된 것이죠. 위험은 여전히 존재하지만, 적어도 그 위험을 측정할 수 있게 되었고 이를 이용해 금융 상품을 만듭니다. 이 또한 컴퓨터를 통한 확률 계산이 필수적이죠. 사람이 하자고 치면 수백 명이 달라붙어도 몇 년이 걸릴 계산을 컴퓨터에 맡기면 금방 해내니까요.

2000년대 이후, 빅데이터와 인공지능의 발전으로 확률론의 중요성이 더욱 커졌습니다. 머신러닝 알고리즘은 확률 모델을 기반으로 작동하며, 추천 시스템이나 자연어 처리 같은 분야에서 널리 사용됩니다. 또한 양자 컴퓨팅과 같은 첨단 기술에서도 확률론이 핵심 역할을 합니다. 이제 확률은 단순한 수학 이론을 넘어 현대 기술의 근간이 되었습니다.

가령 넷플릭스나 유튜브 등의 추천시스템은 사실 알고 보면 간단합니다. 내가 몇 가지의 음악 혹은 동영상을 봤을 때, 내가 들은 음악, 본 영상을 봤던 다른 이들이 들은 음악이나 동영상 중 내가 아직 보지 않은 걸 추천하는 것이죠. 하지만 여기에 조금 더 복잡한 조건들이 알고리즘으로 들어갑니다. 가령 나와 연령대, 성별, 국적 등이 같은 경우 가중치를 둔다든지, 음악의 경우 재생 횟수에도 가중치를 주고, 영상의 경우 끝까지 시청했는지에 따라 가중치를 줄 수도 있습니다.

이렇게 컴퓨터 시대에 들어서면서 확률은 우리 생활의 모든 면에 더욱 깊숙이 파고들었습니다. 스마트폰의 예측 문자 입력부터 넷플릭스의 영화 추천 시스템까지, 우리가 사용하는 거의 모든 디

요즘 청소년을 위한 수학의 결정적 순간

지털 기술의 뒤에는 확률 이론이 숨어 있습니다. 확률은 이제 단순한 수학 이론을 넘어, 우리가 세상을 이해하고 상호작용하는 근본적인 방식이 되었습니다. 불확실성이 가득한 이 세상에서, 확률은 우리에게 길잡이가 되었습니다.

3

현대 수학의 총아

집합

집합론도 하나가 아니라 여러 종류가 있을 수 있습니다.
더 나아가 수학 자체가 하나의 수학 세계만 있는 게 아니라
여러 가능한 수학 세계가 있습니다. 마치 소설이나 영화의
평행우주처럼 말이죠.

집합론은 초등학교에서도 기초적인 개념을 배우고, 중학교나 고등학교에서도 중요하게 다루는 영역입니다. 그런데 대수나 기하와 같은 다른 수학 분야는 몇천 년 전부터 발전했지만, 집합론은 시작된 지 200년도 되지 않을 만큼 역사가 아주 짧습니다. 하지만 현대 수학에서 집합론이 차지하는 비중은 매우 크죠.

역사가 짧은데도 굉장히 빠르게 성장하다 보니 이론에 여러 허점이 나타날 수밖에 없었죠. 그래서 집합론의 역사는 도전의 역사이기도 합니다. 칸토어와 러셀, 괴델로 이어지는 수학자들이 이런 도전에 대응하여 현대 수학의 토대로 집합론을 세워 나갔습니다.

칸토어 혁명

19세기 후반, 젊은 수학자 게오르크 칸토어는 수학의 기초를 뒤흔들 놀라운 연구를 시작합니다. 그가 주목한 것은 바로 '집합'이라는 개념이었죠. 칸토어는 집합을 '우리의 직관이나 사고에서 하나의 전체로 이해되는 대상들의 모임'으로 정의하죠. 간단해 보이는 이 정의가 수학의 기초를 바꾸는 큰 역할을 합니다.

그가 만든 집합론 중 두 집합을 합치는 '합집합', 공통된 원소만 모으는 '교집합', 한 집합에서 다른 집합의 원소를 빼는 '차집합' 등은 지금 우리가 중고등학교에서 배우는 집합의 기본 개념입니다. 또 칸토어는 '부분집합'과 '멱집합'이라는 개념도 소개합니다. 부분집합은 한 집합 안에 포함된 작은 집합을 말하고, 멱집합은 한 집합의 모든 부분집합을 모은 집합을 의미합니다. 가령 {1, 2, 3}이란 집합이 있다면 이 집합의 멱집합은 {{ } {1} {2} {3} {1, 2} {1, 3} {2, 3} {1, 2, 3}}이 되는 거지요.

칸토어의 가장 큰 공헌 중 하나는 '기수'라는 개념을 만든 겁니다. 기수는 집합의 크기를 나타내는 수죠. 가령 1에서 10까지의 홀수의 집합이면 {1, 3, 5, 7, 9}인데, 이 경우 원소의 개수, 즉 기수는 5가 됩니다.

그런데 칸토어는 여기서 멈추지 않았어요. 그는 무한에 대해 뭔가 더 특별한 점이 있다고 느끼고 계속 연구했죠. 그러다 1874년, 새로운 사실을 발견합니다. 그는 친구 데데킨트에게 이렇게 편지를 쓰죠.

"자연수(1, 2, 3,…)의 집합과 실수(소수점이 있는 모든 수)의 집합은 둘 다 무한하지만, 실수가 자연수보다 더 많아."

 이 주장은 수학계에 큰 충격을 줍니다. 많은 수학자가 칸토어의 새로운 생각을 받아들이기를 거부하죠. 특히 당시 유명한 수학자 크로네커는 강하게 반대합니다. 그는 이렇게 말했죠.

 "우리가 셀 수 있는 자연수만이 진짜 숫자야. 칸토어의 이상한 생각들이 수학을 망치고 있다."

 하지만 칸토어는 포기하지 않습니다. 틀린 건 내가 아니라 당신들이라고 생각한 거죠. 계속해서 연구를 이어갔고, 1883년에는 '초한수'라는 새로운 개념을 만들었습니다. 무한한 집합들의 크기를 비교할 수 있는 새로운 수가 필요했고 그게 바로 초한수입니다. 그는 자연수 집합의 크기를 '알레프-영'($\aleph_0$)이라 하고 실수 집합의 크기는 '알레프-일'($\aleph_1$)이라고 불렀습니다.
 칸토어의 아이디어는 일부 수학자들에게 큰 영감을 주었습니다. 한 젊은 수학자는 칸토어의 이론이 마치 새로운 세계를 발견한 것 같다고 말했습니다. 칸토어의 집합론은 수학의 거의 모든 분야에 영향을 미쳤고, 현대 수학의 언어가 되었습니다. 오늘날 우리가 사용하는 함수, 관계, 수열 등의 개념은 모두 집합론을 기반으로 하고 있죠. 심지어 컴퓨터 과학의 기초도 집합론에서 시작되었다고 볼 수 있답니다.

역설의 발견과 위기

20세기가 시작되면서 칸토어의 집합론은 수학계에 널리 퍼지고 있었습니다. 하지만 이 새로운 이론에는 예상치 못한 문제가 숨어 있었습니다. 1901년, 영국의 젊은 철학자이자 수학자인 버트란드 러셀이 집합론을 연구하던 중 심각한 모순을 발견한 것이죠.

러셀은 '자기 자신을 원소로 포함하지 않는 모든 집합들의 집합'을 생각했는데, 이 집합이 자기 자신을 포함하는지 아닌지 결정할 수 없다는 문제를 발견했습니다. 이 문제는 곧 '러셀의 역설'로 알려지게 되었습니다. 러셀은 이를 쉽게 설명하기 위해 이발사의 이야기를 만들었습니다.

"어느 마을의 이발사가 선언합니다. '나는 자기 머리를 직접 깎지 않는 사람의 머리만 깎아준다.' 그러면 이 이발사는 자기 머리를 깎을까요? 아니면 깎지 않을까요?

만약 이발사가 자기 머리를 깎으면, 자기 머리를 깎지 않는 사람의 머리만 깎는다는 원칙에 어긋나죠. 하지만 자기 머리를 깎지 않으면, 자기 머리를 직접 깎지 않는 사람이 되어, 규칙에 따라 자기 머리를 깎아야 합니다."

이 역설은 수학계에 큰 충격을 주었습니다. 프레게라는 유명한 수학자는 자신의 책 두 권을 출판하려던 참이었는데, 러셀의 편지를 받고 충격에 빠졌습니다. 프레게는 수학의 기초가 흔들리고 있으며, 자신이 평생 믿어 온 것들이 모두 무너질지도 모른다고 말했습니다.

러셀의 역설로 인해 수학계는 큰 혼란에 빠졌어요. 탄탄해 보이던 집이 갑자기 흔들리는 것 같았죠. 1908년, 에르네스트 체르멜로라는 수학자가 새로운 아이디어를 냅니다. 그는 집합에 대한 명확한 규칙을 정하면 문제를 해결할 수 있을 것이라 여겼습니다. 이런 규칙을 더 이상 증명할 필요가 없는 기본 규칙 '공리'라고 부릅니다.

체르멜로는 집합론에 대한 기본 규칙들을 만듭니다. 예를 들면, '두 집합이 같은 원소를 가지고 있다면, 그 두 집합은 같다'와 같은 규칙이죠. 이런 규칙들을 따르면 러셀의 역설 같은 문제를 피할 수 있다고 생각했지요.

1922년에는 아브라함 프렌켈이라는 수학자가 체르멜로의 아이디어를 더 발전시킵니다. 그는 체르멜로의 규칙에 몇 가지를 더 추

가했죠. 이렇게 만들어진 규칙들을 'ZF 공리계'라 부릅니다. 'Z'는 체르멜로의 첫 글자이고, 'F'는 프렌켈의 첫 글자입니다. 프렌켈은 이 규칙들을 이용하면 집합론의 문제를 피하면서도 수학에 필요한 모든 것을 설명할 수 있을 거라고 생각했지요. 하지만 이야기는 여기서 끝나지 않습니다. 곧 또 다른 놀라운 발견이 수학계를 뒤흔듭니다.

괴델의 불완전성 정리

1931년, 쿠르트 괴델이라는 젊은 수학자가 놀라운 발견을 합니다. 이 발견은 수학계에 던져진 폭탄이었습니다. 그는 아무리 좋은 수학 규칙을 만들어도, 그 규칙들로는 증명할 수도 없고 반증할 수도 없는 문제가 항상 있다고 합니다. 이걸 '불완전성 정리'라고 불러요. 쉽게 말해서 애초에 풀 수 없는 문제가 수학에 존재한다

는 거죠.

이 발견은 수학자들에게 큰 충격을 줬고 집합론에도 마찬가지였습니다. 러셀의 역설을 해결하기 위해 도입한 공리적 집합론조차 완전할 수 없다는 걸 보여 주기 때문이지요. 그러나 동시에 러셀의 역설을 이해하는 새로운 방법을 제시했습니다. 괴델의 발견 덕분에 수학자들은 어떤 문제들은 참인지 거짓인지 결정할 수 없지만 그게 꼭 나쁜 게 아닐 수도 있다고 생각하죠. 러셀의 역설은 우리 수학 체계의 한계를 보여 주는 것이고, 역설이 있다는 걸 인정하고, 그걸 피해 갈 새로운 규칙을 만들면 된다고 말이죠.

여기에 덧붙여 1938년에 괴델은 '자연수의 무한보다 크고, 실수의 무한보다 작은 무한은 없다'는 연속체 가설을 증명할 수 없다는 걸 발견했습니다. 쉽게 설명하자면 연속체 가설이 참이라고 증명하려 하지만 실패하고, 반대로 거짓이라고 증명하려고 해도 실패한다는 거죠. 즉, 증명할 수 없다는 겁니다. 이 글을 읽다가 그

래서 어쨌다는 거냐고 생각하는 분이 반드시 있을 겁니다. 일단 정리를 하자면 이 발견을 통해 집합론이 훨씬 풍부해집니다.

예를 들어 기하학에서는 평평한 면에서는 평행선이 만나지 않습니다. 이런 평면에서의 기하학을 '유클리드 기하학'이라고 하죠. 반면 휘어져 있는 평면에서는 평행선이 만날 수도 있습니다. 이런 곡면에서의 기하학은 '비유클리드 기하학'이라고 하죠.

이처럼 연속체 가설이 성립하는 집합론도 있고 그렇지 않은 집합론도 있다는 거죠. 즉, 집합론도 하나가 아니라 여러 종류가 있을 수 있다는 겁니다. 그리고 더 나아가 수학 자체가 하나의 수학 세계만 있는 게 아니라 여러 가능한 수학 세계가 있다는 것이죠. 마치 소설이나 영화의 평행우주처럼 말이죠.

현대 수학의 언어로
1950년대~현재

1950년대부터 집합론은 수학의 기초 언어로 자리잡게 됩니다. 마치 우리가 한글을 이용해 다양한 이야기를 쓰는 것처럼, 수학자들은 집합론을 이용해 여러 수학 개념을 표현하기 시작한 거죠. 예를 들어, 기하학에서는 점, 선, 면을 집합으로 나타냅니다. 원을 '중심으로부터 같은 거리에 있는 점들의 집합'으로 정의하는 식이죠. 이렇게 하니 복잡한 도형도 쉽게 설명할 수 있습니다. 대수학에서도 집합론이 큰 도움이 됩니다. 방정식의 해를 '방정식을 만족하는 모든 수의 집합'으로 생각하기 시작했죠. 이런 생각은 더 어려운 방정식을 푸는 데 도움을 줍니다. 확률론에서는 사건을 '일어날 수 있는 모든 결과의 부분집합'으로 정의합니다. 이렇게 하니 복잡한 확률 문제도 더 쉽게 풀 수 있게 되었죠.

집합론은 과학과 기술 발전에도 큰 영향을 미칩니다. 컴퓨터 과학에서는 집합 개념을 이용해 데이터를 정리하고 처리하죠. 예를 들어, 여러분이 사용하는 검색 엔진은 웹페이지들을 거대한 집합으로 보고, 그중에서 여러분이 찾는 정보를 포함하는 부분집합을 빠르게 찾아내는 거죠. 인공지능에서도 집합론이 중요합니다. 기계가 학습할 때 사용하는 데이터를 큰 집합으로 보고, 거기서 패턴을 찾아내는 거죠. 예를 들어, 얼굴 인식 기술은 '눈, 코, 입의 위치 정보를 포함하는 집합'을 이용해 작동합니다. 생물학에서도 집합론을 사용합니다. DNA를 '네 가지 염기의 순서 집합'으로 보고 분석하죠. 이런 방식으로 유전자의 기능을 이해하고, 새로운 치료법을 개발합니다.

이렇게 집합론은 수학을 넘어 우리 일상생활에 큰 영향을 미치고 있습니다. 여러분이 스마트폰을 사용하거나 인터넷을 검색할 때, 그 뒤에서 집합론이 중요한 역할을 하고 있다고 생각하면 재미있겠죠?

미국의 수학자 로버트 카나이겔(Robert Kanahele)은 "집합론은 현대 수학의 공용어가 되었으며, 이를 통해 우리는 더 복잡한 수학적 개념을 이해하고 새로운 이론을 개발할 수 있게 되었다"라고 말합니다. 또 다른 수학자 마리아 레만(Maria Lehman)은 "칸토어의

요즘 청소년을 위한 수학의 결정적 순간

집합론은 단순히 수학 이론에 그치지 않고, 컴퓨터 과학, 인공지능, 빅데이터 분석 등 현대 기술의 근간이 되었다"라고 했죠.

4

해석기하학

방정식과 함수

해석기하학과 좌표는 물리학에도 큰 도움이 되었습니다. 시간에 따른 거리, 시간에 따른 속도의 변화를 계산할 때 좌표에다 그리는 것만큼 쉽고 직관적인 건 없습니다.

∞

고대의 수수께끼 풀이

기원전 1650년경, 이집트에는 '아하 파피루스'라는 문서가 있었습니다. 당시 이집트인들의 수학 지식을 담고 있는 일종의 교과서였죠. 그중에 흥미로운 문제가 하나 있습니다.

"어떤 수에 그 수의 $\frac{1}{7}$을 더하면 19가 됩니다. 이 수는 무엇일까요?"

이집트인들은 이 문제를 해결하기 위해 그 어떤 수, 즉 미지수를 '아하'라고 불렀습니다. 이를 통해 문제를 '아하+아하의 $\frac{1}{7}$=19'로 표현할 수 있었죠. 결국 현대 수학의 x와 비슷한 역할을 한 겁니다. 이를 통해 이집트인들은 복잡한 문제를 단순화하고 체계적으로 접근할 수 있었죠. 그들은 이런 방법을 사용해 피라미드 건설에 필요한 계산, 농지의 면적 측정, 세금 계산 등 다양한 실생활 문제를 해결합니다.

이집트인들의 수학은 매우 실용적이었습니다. 추상적인 개념보다는 실제 문제 해결에 초점을 맞췄죠. 예를 들어, 피라미드의 경사각을 계산하기 위해 '세켓'이라는 개념을 사용했습니다. 이는 높이와 밑변의 비율을 나타내는 것으로, 현대 수학의 탄젠트 함수의 원형이라고 볼 수 있죠.

아하 파피루스에는 이 외에도 다양한 수학 문제가 있습니다. 예를 들어 이런 문제입니다.

"7개의 집에 각각 7마리의 고양이가 있고, 각 고양이가 7마리의 쥐를 잡았다면, 총 몇 마리의 동물이 있을까요?"

지금이야 별로 어렵지 않지만 당시에는 곱셈과 덧셈을 동시에 사용해야 하는 복잡한 문제였습니다. 거기다 7의 세제곱이 나오는 제곱 문제이기도 하죠.

그 외에도 '아하의 $\frac{2}{3}$에 아하의 $\frac{1}{3}$을 더하고, 다시 아하의 $\frac{1}{3}$에서 아하의 $\frac{1}{15}$을 뺀 것을 더하면 10이 됩니다. 아하는 얼마입니까?'라든가 '아하를 4로 나누고 2를 더하면 10이 됩니다. 아하는 얼마입니까?' 같은 문제도 있지요.

아하 파피루스의 이런 수학 문제 풀이가 방정식의 시작이라 볼 수 있죠. 이집트의 수학은 이후 그리스와 아랍 세계를 거쳐 현대 방정식과 함수로 발전하게 됩니다.

알콰리즈미와 대수학

9세기, 지금 이라크의 바그다드에 있던 무함마드 이븐 무사 알 콰리즈미는 이슬람 세계에서 가장 뛰어난 수학자 중 한 명이었습니다. 그의 저서 『대수학』은 방정식을 체계적으로 다루는 최초의 책이었습니다.

책 제목 『키타브 알-자브르 왈-무카빌라인』에서 이 중 '알-자 브르'가 라틴어를 거쳐 오늘날 영어로 대수학을 뜻하는 '알게브라 (algebra)'가 되었죠. 원래 '알게브라'는 부서진 것을 다시 맞춘다 는 뜻입니다. 수학에서는 방정식의 양변에서 음수 항을 없애고 양 수로 만드는 과정을 의미하죠. 그는 책에서 이차방정식을 여섯 가 지 기본 유형으로 분류했습니다. 이는 방정식을 일반화하고 체계 화하는 첫 단계였죠. 각 유형에 대해 그는 구체적인 방법을 제시 했는데, 이는 현대의 '표준 해법'의 기원이 됩니다.

알콰리즈미는 고대 그리스 수학의 영향을 받아 대수적 문제를 기하학적 방법으로 해결했죠. 예를 들어, 현대 표기로 $x^2+10x=39$

라는 방정식을 풀 때, 그는 이를 정사각형과 직사각형의 넓이 문제로 변환했습니다. 알콰리즈미는 미지수 x를 정사각형의 한 변으로 생각했습니다. x^2은 이 정사각형의 넓이가 되고, $10x$는 이 정사각형에 붙은 두 개의 직사각형 넓이의 합이 됩니다. 이렇게 만들어진 도형의 넓이가 39가 되는 것이죠.

방정식을 구체적인 도형으로 표현함으로써, 문제를 직관적으로 이해하고 해결할 수 있게 해 주었습니다. 또한 대수학을 기하학에 연결하는 것이기도 하고요.

알콰리즈미는 또 새로운 수학적 추론 방식도 내놓았습니다. 문제를 단계별로 나누고, 각 단계를 논리적으로 설명하는 그의 방식은 현대 수학의 증명 방법의 선구자가 되었습니다. 현대 대수학

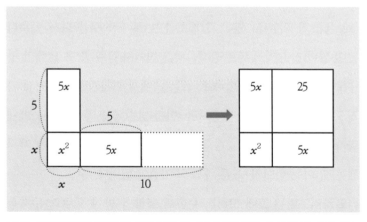

오른쪽 전체 정사각형의 면적은 39+25인 64입니다. 한편 한 변의 길이는 $6x$가 됩니다. $6x$를 y로 놓으면 y의 제곱이 64가 되니 y는 8입니다. 즉, $6x$가 8이니 x는 4/3입니다.

요즘 청소년을 위한 수학의 결정적 순간

(Algebra)의 어원인 알 자브르(Al-jabr)는 '방정식의 양변에서 같은 항을 더하거나 빼서 음수 항을 없애는 것'을 의미합니다. 또한 알 콰리즈미는 '알 무카발라(Al-muqabala)'라는 개념도 도입했는데, 이는 '같은 종류의 항들을 상쇄하는 것'을 의미합니다. 이 두 개념은 현대 대수학의 기본 원리가 되었습니다.

가령 $x-3=4x+5$란 식을 계산해 봅시다.

① 먼저 알 자브르를 적용하여 양변에 3을 더합니다.

$x=4x+8$로 변환되죠. (음수 항 제거)

② 알 무카발라를 적용하여, 즉 양변에서 x를 빼서 x항을 상쇄시킵니다.

$0=3x+8$이 됩니다. (왼쪽의 x제거)

③ 알 무카발라를 적용하여, 즉 양변에서 8을 빼서 상수항을 정리합니다.

$-8=3x$가 됩니다.

④ 마지막으로 양변을 3으로 나누어 해를 구합니다.

$-\frac{8}{3}=x$

그는 미지수 개념 발전에도 큰 역할을 했습니다. 구체적인 숫자 대신 미지수, 샤이를 사용하는 일반적인 해법을 제시하죠. 고대

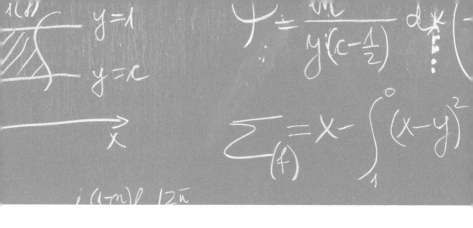

이집트에도 '아하'를 사용했지만 그건 특정 문제에 한정된 미지수
였고, 알콰리즈미의 샤이는 현재의 x처럼 일반화된 미지수 개념입
니다. 따라서 여러 문제에 걸쳐 일관되게 사용하지요.

데카르트의 해석기하학

17세기가 될 때까지 유럽에선 기하학과 대수학이 서로 다른 분
야였습니다. 물론 알콰리즈미의 방법이 소개되었지만, 유럽에서
기하는 기하, 대수는 대수였죠. 그런데 프랑스의 수학자이자 철학
자인 르네 데카르트가 이를 완전히 뒤집어엎습니다.

전설에 따르면, 데카르트는 병상에 누워 있을 때 천장을 날아
다니는 파리를 보고 영감을 받았다고 합니다. 그는 파리의 위치를
벽에서부터의 거리로 표현할 수 있다는 것을 깨달았습니다. 이 단
순한 관찰이 혁명적인 아이디어의 시작이었습니다.

1637년 출판된 『방법서설』에서 그는 이 아이디어를 체계화합니다. 핵심은 평면 위의 점을 두 개의 수로 나타내는 것이었습니다. 현재 우리가 사용하는 좌표의 x축과 y축이죠. 마치 천장의 파리 위치를 두 벽으로부터의 거리로 표현한 것처럼 말이지요.

데카르트는 이런 방법으로 방정식을 기하학적 곡선으로 표현할 수 있게 되었지요. 예를 들어, $y = 2x + 1$이라는 함수는 x에 어떤 수를 넣으면 y값이 나오죠. 이 x와 y값의 조합을 평면상에 점으로 찍으면 직선이 만들어집니다. 이런 방법을 '해석기하학'이라 합니다. 기하학적 문제를 대수적으로 해결하고, 반대로 대수적 문제를 기하학적으로 해결할 수 있게 해 주었죠. 복잡한 도형도 간단한 방정식으로 표현할 수 있게 되었고, 추상적인 방정식도 구체적인 그래프로 그릴 수 있습니다.

데카르트의 좌표계는 함수 개념의 발전에도 큰 영향을 미쳤습니다. 이제 함수는 x와 y의 관계를 나타내는 방정식으로 표현될 수 있었고, 이 관계를 그래프로 볼 수 있게 되었습니다. 이 방법은 특히 변화하는 양들 사이의 관계를 연구하는 데 유용했습니다.

그리고 해석기하학과 좌표는 물리학에도 큰 도움이 되었습니다. 등속 운동을 할 때, 또는 등가속 운동을 할 때, 시간에 따른 거리, 시간에 따른 속도의 변화를 계산하거나 살펴볼 때 좌표에 그리는 것만큼 쉽고 직관적인 건 없죠. 또 외부의 힘이 작용할 때, 시간에 따른 에너지의 변화 같은 경우도 마찬가지고요.

아래 그래프는 익숙하지요? x축은 시간, y축은 거리를 나타냅니다. 이 그래프를 보면 1초에 2m씩 움직이고 있다는 것이 보입니다. 즉, 거리-시간 그래프를 보면 금방 속도가 2m/s인 걸 알 수 있죠.

옆 그래프는 x축이 시간, y축이 속도인 그래프입니다. 마찬가지

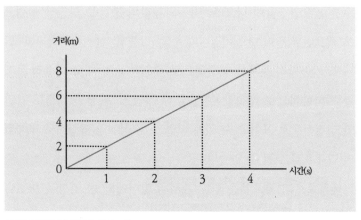

속도가 일정한 경우의 거리-시간 그래프.

요즘 청소년을 위한 수학의 결정적 순간

로 그래프를 보면 1초에 속도가 2m/s만큼 빨라지고 있는 걸 알 수 있습니다. 즉, 속도-시간 그래프를 보면 금방 가속도가 $2m/s^2$인 걸 알 수 있는 거죠.

해석기하학과 좌표는 이후 뉴턴과 라이프니츠가 미적분학을 발전시키는 데 핵심적인 도구로 사용되기도 했습니다. 이 부분은 뒤의 미적분에서 다시 설명하도록 하죠.

오일러와 함수의 세계

18세기, 스위스 출신의 수학자 레온하르트 오일러는 수학의 역사에서 가장 위대한 수학자 중 한 명입니다. 앞장의 복소수 개념

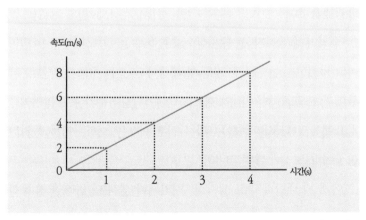

속도가 일정하게 변하는 경우의 속도-시간 그래프.

과 오일러의 공식을 만든 사람이기도 하고요.

그는 굉장히 광범위한 분야를 연구해서 지수, 로그, 삼각함수 등 수학의 곳곳에 흔적이 있는데 함수에도 마찬가지입니다.

우선 오일러는 함수의 개념을 명확히 정립했습니다. 그는 함수를 '한 양의 값이 다른 양의 값에 따라 변하는 관계'로 정의했습니다. 이는 현대 수학에서 사용하는 함수의 개념과 거의 같죠. 또 우리가 함수를 나타낼 때 쓰는 $f(x)$라는 표기법을 도입했습니다.

오일러의 업적 중 가장 유명한 것 하나는 '오일러의 공식'입니다. $e^{ix} = \cos x + i \sin x$ 이죠. 이 간단한 방정식은 지수방정식과 삼각방정식의 깊은 관계를 보여 줍니다. 또 x자리에 π를 넣으면 $e^{i\pi}+1=0$이라는 식이 되는데 이 짧은 공식 안에 수학의 다섯 가지 기본 상수 e, i, π, 1, 0이 모두 들어 있는 것으로도 유명하다는 건 앞에서 이야기했습니다.

이 식이 등장하기 전에는 실수와 순허수를 같이 계산하는 일이 거의 없었고, e는 주로 지수함수 계산에만, π는 주로 삼각함수 계산에만 쓰였죠. 하지만 이 식으로 실수와 순허수가 복소평면이란 좌표에서 만나고, 지수함수와 삼각함수가 복소평면에서 동일한 현상이라는 것이 밝혀집니다.

'이게 뭐 대단해'라고 생각할 수 있는데 실제 이 공식을 응용하면 여러 가지 현상을 쉽게 풀 수 있습니다. 가령 소리가 공기를 통해 전달되고, 물결파가 치는 파동의 경우 이 공식을 통해 전파 속도, 에너지 등을 알 수 있죠. 휴대전화로 음악을 들을 때도 폰 안의 칩에서 이 공식을 응용한 푸리에 변환이란 걸 통해 이를 처리해 줍니다. 위성의 궤도나 행성의 운동을 계산할 때도, 교류 전기의 저항, 콘덴서, 코일 문제를 처리할 때도, 양자 역학에서도 이 공식이 기본입니다.

또한 오일러는 무한급수 이론을 발전시켰습니다. 그는 무한히 많은 항의 합을 다루는 방법을 연구했고, 이는 함수를 이해하는 또 다른 방법이 되었습니다. 예를 들어, 그는 삼각함수를 무한급수로 표현하는 방법을 발견합니다. 이 또한 앞의 오일러의 공식과 관련이 있죠. 이를 통해 오일러는 복소함수론도 크게 발전시켰습니다. 그는 복소수 평면에서의 함수 개념을 도입했고, 이는 후에 복소해석학이라는 새로운 분야를 열었습니다.

결국 함수가 무엇인지를 정의하고 또 서로 떨어져 있던 각각의 함수를 하나로 묶어낸 이가 오일러죠. 오늘날 우리가 사용하는 많은 수학 기호와 함수 관련 개념들이 오일러에게서 비롯되었습니다. e(자연로그의 밑), i(허수 단위), Σ(시그마, 합의 기호) 등이 모두 오일러가 도입하거나 널리 퍼뜨린 것들입니다.

5

극한을 정복하라

미적분

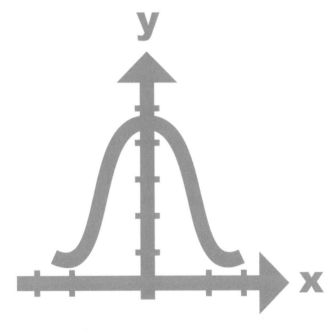

미적분학은 문과 계열에서도 이젠 필수적입니다.
경제학, 사회학, 통계학, 심리학, 정치학에서도 모두
미적분을 사용합니다.

∫

아르키메데스의 구분구적법

미적분은 현대 수학에서 가장 많이 쓰는 분야 중 하나입니다. 그래프로 설명하자면 그래프의 곡선 중 한 점이 가지는 기울기를 구하는 걸 미분이라고 하고, 그래프가 그리는 곡선 아랫 부분의 면적을 구하는 걸 적분이라 합니다. 물론 본격적인 정의는 조금 어려워서 함수의 순간 변화율을 구하는 것이 미분이고 함수의 누적값을 구하는 것을 적분이라고 하지요.

미적분은 어떤 과정을 거쳐서 만들어졌을까요? 시작은 많은 수학 분야가 그렇듯이 고대 그리스입니다.

기원전 3세기, 그리스 수학자 아르키메데스는 곡선으로 이루어진 도형의 넓이를 구하는 방법을 연구하고 있었습니다. 특히 그는 포물선 조각의 넓이를 정확히 계산하는 방법을 찾고자 했습니다.

아르키메데스는 포물선 조각 안에 삼각형을 그리는 것으로 시작했습니다. 이 큰 삼각형의 넓이는 쉽게 구할 수 있었지만, 여전히 포물선과 삼각형 사이에 공간이 남아 있습니다. 이 공간을 채우기 위해 더 작은 삼각형들을 다시 그려 넣었습니다. 처음 그린 큰 삼각형과 포물선 사이에 두 개의 작은 삼각형을 그리고, 다시 더 작은 삼각형들을 그려 넣습니다.

이렇게 계속 작은 삼각형들을 그려 넣을수록, 전체 삼각형의 넓이 합은 포물선 조각의 넓이에 점점 더 가까워지죠. 아르키메데스는 이 과정을 이론적으로 무한히 계속할 수 있다고 생각했습니다.

이 방법을 통해 아르키메데스는 포물선 조각의 넓이가 같은 밑변과 높이를 가진 삼각형 넓이의 $\frac{4}{3}$배라는 것을 증명할 수 있었습니다. 두 번째 삼각형 두 개의 면적 합은 첫 삼각형 면적의 $\frac{1}{4}$이 됩

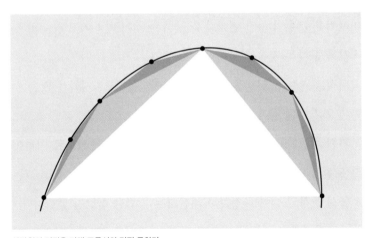

삼각형의 면적을 더해 포물선의 면적 구하기.

요즘 청소년을 위한 수학의 결정적 순간

니다. 그리고 세 번째는 더 작은 삼각형 네 개를 그리게 되는데 이들의 면적 합은 두 번째 삼각형 두 개 면적 합의 또 $\frac{1}{4}$이 됩니다. 이렇게 계속 그리게 되면 첫 번째 삼각형의 면적을 A라 하면 $A + \frac{A}{4} + \frac{A}{16} + \frac{A}{64} \cdots$. 이런 식이 되죠. 이를 무한급수라 하는데 이걸 다 계산하면 원래 삼각형 면적의 $\frac{4}{3}$가 됩니다.

이런 방법을 구분구적법이라고 합니다. 고등학교에선 미분을 먼저 배우지만 사실 이런 방식의 적분이 시작이라고 볼 수 있죠.

케플러의 포도주 통과 갈릴레이의 낙하운동

17세기 초 독일의 천문학자 요하네스 케플러는 재미있는 문제를 만납니다. 그의 두 번째 결혼식 때 일어난 일이죠. 결혼식에 쓸 포도주를 사려는데 당시 포도주 상인들은 통의 부피를 정확히 측정하지 않고 대충 짐작해서 가격을 매겼습니다. 뼛속까지 수학자였던 케플러에게 이런 방식이 마음에 들 리 없지요.

포도주 통은 보통 가운데가 불룩한 원통형인데 이 불룩한 부분 때문에 통의 부피를 정확히 계산하기가 어렵다는 것을 알았습니다. 그는 이 문제에 수학적으로 접근하기로 했습니다. 케플러는 포도주 통을 아주 얇은 원판들의 집합으로 상상했습니다. 각 원판의 반지름은 통의 모양에 따라 달랐습니다.

구분구적법을 이용한 포도주 통 부피 구하기.

케플러는 이 원판들의 부피를 모두 더하면 통 전체의 부피를 구할 수 있다고 생각했습니다. 기본적인 원리는 아르키메데스의 구분구적법과 같지요. 다만 아르키메데스는 면적을 구했고 케플러는 부피를 구했으니 2차원을 3차원으로 확장했다는 차이가 있습니다.

하지만 문제는 이 원판들이 무한히 많다는 것이었습니다. 무한히 많은 수를 어떻게 더할 수 있을까요? 케플러는 이 문제를 완전히 해결하지는 못했지만 이런 방법을 사용할 수 있다는 걸 자신의 책에 썼고 이후 뉴턴과 라이프니츠가 미적분을 개발하는 데 영향을 끼칩니다.

그리고 미분 분야에서 뉴턴과 라이프니츠에게 영향을 끼친 인물

요즘 청소년을 위한 수학의 결정적 순간

은 이탈리아의 과학자 갈릴레오 갈릴레이입니다. 16세기 말, 갈릴레이는 물체의 낙하 운동을 연구하고 있었습니다. 그는 아리스토텔레스의 주장과 달리, 공기 저항을 무시한다면 모든 물체가 같은 속도로 떨어진다고 주장했습니다.

갈릴레이는 경사진 평면을 이용해 물체의 낙하 운동을 관찰했습니다. 그는 물체가 이동한 거리가 시간의 제곱에 비례한다는 사실을 발견했고, 이를 수학적으로 표현하려 노력했습니다. 그의 관찰 결과를 현대적인 표현으로 나타내면 $s=kt^2$입니다. 여기서 s는 이동 거리, t는 시간, k는 상수입니다.

이것은 물체의 운동을 시간에 따른 함수로 표현한 최초의 시도였습니다. 갈릴레이는 이를 통해 물체의 위치뿐만 아니라 속도와 가속도도 계산할 수 있다고 생각했습니다. 예를 들어, 시간에 따른 속도 변화는 거리 함수의 기울기로 나타낼 수 있습니다. 현대 미적분학의 관점에서 보면, 이는 거리 함수를 미분한 것과 같습니다.

갈릴레이는 이러한 관계를 정확히 수식으로 표현하지는 못했지만, 직관적으로 이해하고 있었습니다. 그는 이를 통해 자유낙하를 하는 물체의 가속도가 일정하다는 것을 추론했습니다. 갈릴레이는 자연 현상을 함수로 표현할 수 있다는 것을 보여 주었고, 뉴턴의 미적분학 발전과 운동 법칙 수립에도 중요한 기반이 되었습니다.

뉴턴과 라이프니츠

1665년, 영국의 케임브리지 대학에서 공부하던 아이작 뉴턴은 흑사병을 피해 고향으로 돌아갔고 중력에 대해 연구합니다. 흔히 뉴턴이 사과가 떨어지는 것을 보고 중력을 떠올렸다고 하지만 이는 상상에 가깝습니다. 실제로는 갈릴레이나 데카르트 같은 다른 과학자들의 주장을 연구하면서 중력에 대한 아이디어를 떠올린 것이지요. 뉴턴은 사과를 땅으로 끌어당기는 힘이 달을 지구 주위의 궤도에 묶어 두는 힘과 같다고 생각했죠.

하지만 뉴턴은 이 현상을 수학적으로 설명하는 데 어려움을 겪었습니다. 물체의 속도가 계속 변하는 상황을 기존의 수학으로는 정확히 표현할 수 없었기 때문이죠. 이 문제를 해결하기 위해 뉴턴은 '유율법'이라는 새로운 수학적 방법을 개발합니다. 이는 오늘날 우리가 알고 있는 미분의 초기 형태였습니다.

뉴턴의 유율법은 연속적으로 변화하는 양을 다룰 수 있게 해 주었습니다. 예를 들어, 행성의 속도가 매 순간 변하더라도 그 운동을 정확히 계산할 수 있게 된 것입니다. 그는 또 유율법의 역과정, 즉 오늘날의 적분에 해당하는 방법도 개발했습니다. 이를 통해 그는 속도로부터 이동 거리를, 가속도로부터 속도를 계산할 수 있었습니다.

요즘 청소년을 위한 수학의 결정적 순간

이러한 수학적 도구들을 바탕으로 뉴턴은 운동 법칙과 중력 법칙을 수립했습니다. 그리고 행성의 운동, 조석 현상, 포탄의 궤적 등 다양한 자연 현상을 정확히 설명하고 예측할 수 있었습니다. 그는 수학을 이용해 우주의 법칙을 설명했고, 이는 과학 혁명의 정점을 찍는 일이었죠.

한편, 비슷한 시기 독일의 수학자이자 철학자인 고트프리트 빌헬름 라이프니츠는 뉴턴과는 독립적으로 미적분학을 발전시켰습니다. 라이프니츠는 수열의 합을 연구하던 중 미적분의 아이디어에 도달했습니다. 그는 숫자들 사이의 차이를 연구하면서, 이 차이들이 점점 작아질 때 어떤 일이 일어나는지 궁금해했습니다.

1675년경, 라이프니츠는 자신의 아이디어를 표현하기 위해 새로운 기호를 도입했습니다. 그는 dx를 아주 작은 변화량을 나타내는 기호로 사용하고, S자를 길게 늘린 모양의 $\int$(인테그랄)기호를 적분을 나타내는 데 사용합니다.

라이프니츠의 접근 방식은 매우 직관적이었습니다. 예를 들어, 그는 곡선 아래의 면적을 구할 때 그 면적을 무한히 많은 아주 작은 직사각형들의 합으로 생각했습니다. 이는 수학적으로 $\int y dx$로 표현했습니다. 여기서 y는 곡선의 높이, dx는 아주 작은 폭을 나타냅니다.

라이프니츠는 미분에 대한 규칙도 만들었습니다. 예를 들어, 두 함수의 곱의 미분에 대한 규칙(현재 고등학교에서 배우는 곱의 미분법칙) 같은 것이죠. 식으로는 $d(uv) = udv + vdu$처럼 나타냅니다.

라이프니츠의 표기법은 뉴턴의 유율법보다 사용하기 편했고, 지금도 우리는 그의 dx와 $\int$기호를 사용하지요.

그런데 뉴턴과 라이프니츠는 미적분 발견을 둘러싸고 큰 논쟁을 벌였습니다. 뉴턴은 1665년경부터 '유율법'을 개발했지만 공식적으로 출판하지 않았습니다. 라이프니츠는 1675년경 미적분을 발견했고, 1684년에 관련 논문을 출판했습니다.

사실 라이프니츠는 1676년 뉴턴의 일부 연구 내용을 접한 적이 있었습니다. 그는 헨리 올든버그를 통해 뉴턴의 편지를 받았는데, 여기에는 뉴턴의 일부 결과가 포함되어 있었습니다. 하지만 이 편지에는 구체적인 방법론은 없었죠.

요즘 청소년을 위한 수학의 결정적 순간

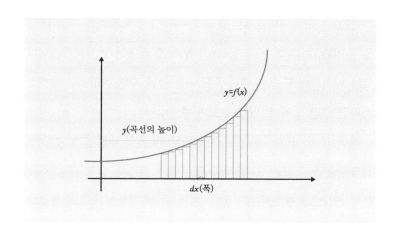

곡선 아래의 면적을 적분을 통해 구하는 방법.

　논쟁이 시작된 후, 뉴턴의 지지자들은 라이프니츠가 이 편지를 보고 뉴턴의 아이디어를 훔쳤다고 주장합니다. 반면 라이프니츠는 자신이 독립적으로 미적분을 발견했다고 반박했죠.

　오늘날 역사학자들은 라이프니츠가 뉴턴의 편지에서 어느 정도 영감을 받았을 가능성을 인정하면서도, 그가 독자적으로 미적분의 핵심 아이디어와 방법론을 개발했다고 보고 있습니다. 두 사람의 접근 방식과 표기법이 상당히 달랐다는 점이 이를 뒷받침합니다.

미적분을 발전시킨 오일러

　앞서 복소수에 등장했던 수학자 오일러도 다시 등장합니다. 그는 1727년 상트페테르부르크 과학아카데미에 부임한 후, 미적분을 물리학, 천문학, 공학 등 여러 분야에 적용하기 시작했습니다. 그는 미적분이 단순한 수학적 도구를 넘어 자연 현상을 이해하는 강력한 수단이 될 수 있음을 보여 주었습니다.

예를 들어, 오일러는 미적분을 이용해 진동하는 줄의 운동을 설명했습니다. 그는 이 문제를 다루면서 편미분 방정식을 도입했는데, 이는 후에 물리학자들에 의해 파동 방정식으로 발전했죠. 편미분 방정식은 미지수가 둘 이상 있는 식의 미분 방정식입니다. 가령 $y=x^2+3z$ 같이 x와 z 두 개의 미지수가 등장할 때 이를 미분하는 방법입니다. 이 방정식은 지금도 널리 쓰이는데 물리학뿐만 아니라 음향학, 광학, 유체역학 등 다양한 공학 분야에서 사용됩니다. 그래서 이공계 대학에 진학하면 생물학의 일부 영역을 제외하고, 편미분은 중학교 때의 일차방정식처럼 기초 중의 기초가 됩니다.

또한 오일러는 미적분에서 변분법을 발전시켰습니다. 이는 특정 조건 아래에서 최적의 해를 찾는 방법으로, 현대 물리학과 공학에서 중요하게 사용됩니다. 예를 들어, 그는 이 방법을 이용해 어떤 모양의 언덕이 공이 굴러 내려갈 때 가장 빠른지에 관한 문제(브라키스토크론 문제)를 풉니다. 이 또한 지금도 물리학과 공학, 경제학 등에서 아주 많이 사용하죠.

그리고 그의 저서 중 『무한소 해석 입문(Introductio in analysin

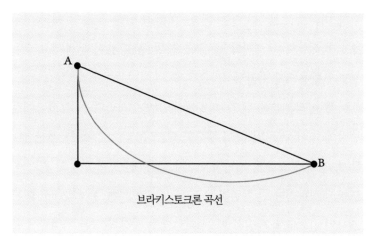

브라키스토크론 곡선

A에서 B로 갈 때 가장 빠르게 가는 방법은 주황색의 호를 그리며 가는 것입니다.
거리는 더 길지만 초기 경사가 급해서 속도가 더 빨라집니다.

infinitorum)』은 당시 미적분학의 지식을 집대성한 것으로, 오랫동안 표준 교과서로 사용되었습니다. 이 책을 통해 오일러는 함수 개념을 명확히 하고, $f(x)$와 같은 현대적 표기법을 도입했습니다. 물론 $f(x)$를 처음 쓴 건 라이프니츠지만 이렇게 일반적으로 확산된 것은 오일러의 공이 큽니다.

또한 오일러는 무한급수를 미적분학의 중요한 도구로 발전시켰습니다. 그는 다양한 함수들을 무한급수로 표현하는 방법을 제시했고, 이를 통해 복잡한 함수의 미분과 적분을 더 쉽게 계산할 수 있게 했습니다.

오일러는 이렇게 미적분학을 단순한 계산 도구에서 체계적인 수학 이론으로 발전시키는 데 큰 역할을 했습니다. 이 책의 영향으로 미적분학은 물리학, 천문학, 공학 등 다양한 분야에서 더욱 폭넓게 활용되기 시작합니다.

이제 미적분학은 문과 계열에서도 필수적입니다. 경제학에선 공장에서 상품을 더 많이 생산할 때 드는 추가 비용을 계산한다든가, 경제 성장률을 계산할 때, 사회학에선 사회 현상의 변화 속도를 측정하거나 인구 증가율 등을 모델링할 때, 통계학에선 여론 조사의 신뢰도를 확인할 때, 심리학에선 시간에 따른 기억 감소율이나 시간에 따른 학습 효과의 변화를 측정할 때 그리고 정치학에서는 정책 효과를 분석할 때 모두 미적분을 사용합니다.

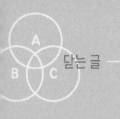

수학으로 세상을 보는 즐거움

여러분, 긴 여행을 마쳤습니다. 수천 년에 걸친 수학의 역사를 함께 살펴보았네요. 처음엔 단순히 물건을 세는 것에서 시작했던 수학이 어떻게 오늘날 우리가 아는 복잡하고 아름다운 학문이 되었는지 보았나요?

이집트인들이 피라미드를 지을 때 사용한 간단한 계산법에서부터, 그리스인들의 기하학적 발견, 인도와 아랍 세계에서의 대수학 발전, 그리고 르네상스 시대의 혁명적인 아이디어들까지. 수학은 계속해서 발전하고 변화해 왔습니다.

그리고 이 모든 발전 뒤에는 호기심 많고 열정적인 수학자들이 있었죠. 피타고라스, 유클리드, 아르키메데스부터 데카르트, 뉴턴, 오일러에 이르기까지. 이들이 천재적인 것은 사실이지만 그렇다고 모든 문제를 쉽게 해결한 것은 아닙니다. 그들도 우리처럼 궁금해하고, 실수하고, 때로는 좌절하기도 했습니다. 하지만 포기하지 않고 계속해서 도전했죠.

수학은 단순한 숫자 놀이가 아닙니다. 그것은 우리가 세상을 이해하는 또 다른 방식입니다. 예술을 통해, 문학을 통해, 철학을 통해 세상을 알아 가듯 수학을 통해 새로운 세상을 볼 수 있죠. 그리고 이 과정에서 수학은 과학의 언어가 되었고, 이제 사회학, 통계학, 경제학, 경영학 등의 언어가 되기도 합니다.

다양한 패턴의 우아함을 수학적으로 인식하는 것, 확률과 통계가 가지는 거대한 힘을 깨닫는 것, 소수와 약수, 배수가 만든 교묘함을 밝혀 가는 것, 아주 치밀한 논리로 과학의 비밀을 파헤치는 것 모두 수학으로 세상을 보는 즐거움이 만들어 내는 것이죠.

앞으로 배울 수학에서 여러분도 그런 기쁨을 맛보길 바랍니다.

요즘 청소년을 위한 수학의 결정적 순간

1판 1쇄 펴낸날 2025년 2월 15일

글 박재용
펴낸이 정종호
펴낸곳 (주)청어람미디어
편집 황지희
디자인 황지희, 이원우
마케팅 강유은, 박유진
제작·관리 정수진
인쇄·제본 (주)성신미디어
등록 1998년 12월 8일 제22-1469호
주소 04045 서울시 마포구 양화로 56, 1122호
전화 02-3143-4006~4008
팩스 02-3143-4003
이메일 chungaram_media@naver.com
홈페이지 www.chungarammedia.com
인스타그램 www.instagram.com/chungaram_media

ISBN 979-11-5871-269-3 43410

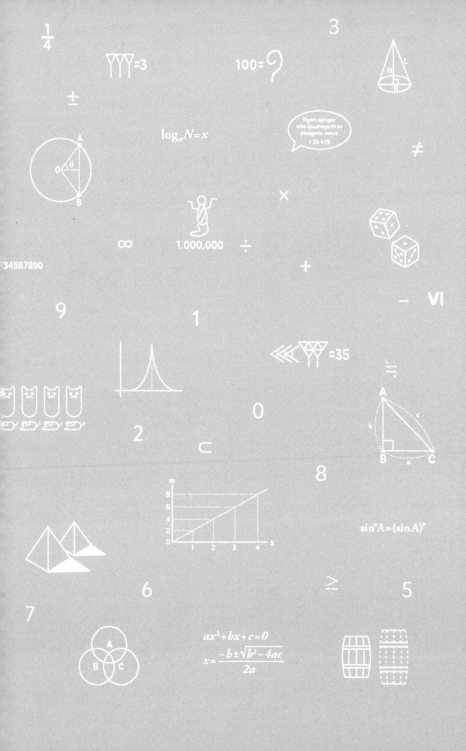

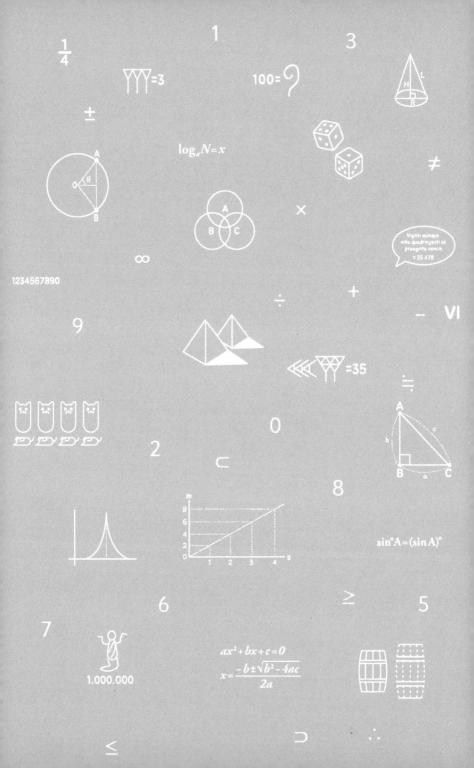